Handbuch

Pilze

Handbuch
Pilze

© KOMET Verlag GmbH, Köln
Autor: Dr. Hans W. Kothe
Gesamtherstellung: KOMET Verlag GmbH, Köln
Alle Rechte vorbehalten
ISBN 978-3-89836-859-9
www.komet-verlag.de

Hinweis

Die in diesem Buch dargestellten Pilze können eine toxische Wirkung entfalten. Die Informationen zu den Pilzen können weder völlig vollständig noch verbindlich sein.
Autor, Fotograf und Verlag übernehmen daher keine Verantwortung oder Haftung für die Folgen eines falschen Gebrauchs.
Die Pilze sind nach Gestalt und Fruchtkörper und in der weiteren Untergliederung alphabetisch nach ihren lateinischen Namen geordnet.

Bildnachweis

*I*nhalt

Einleitung

Erfahrungen und Pilze sammelt man bekanntlich immer mit dem Gefühl, dass etwas nicht ganz geheuer ist. Bei den Pilzen geht das ungute Gefühl wohl in erster Linie darauf zurück, dass einige dieser Organismen gefährliche, teilweise sogar tödlich wirkende Gifte enthalten. Ein Beispiel ist der Grüne Knollenblätterpilz, dessen Gift zehn Mal effektiver ist als das einer Kreuzotter.

Wenig vertrauenserweckend ist aber auch der Umstand, dass sich die meisten Lebensvorgänge der Pilze für uns unsichtbar im Verborgenen abspielen. Schließlich sind die merkwürdigen kleinen Gebilde aus Hut und

Stiel, die wir gemeinhin als Pilze bezeichnen, ja bei weitem nicht der gesamte Organismus, sondern es handelt sich dabei nur um die so genannten Fruchtkörper, die ausschließlich dazu dienen, die Pilzsporen, die sich in ihrer Funktion mit den Samen der Pflanzen vergleichen lassen, zu verbreiten. Alle übrigen Lebensfunktionen übernimmt der in der Regel viel größere, für uns aber zumeist unsichtbare Teil des Pilzes, das Myzel, das im Boden oder auch im Holz, auf dem der Pilz wächst, verborgen ist.

Das Myzel ist wiederum ein Geflecht aus einzelnen „Schläuchen", den so genannten Hyphen, die einen Durchmesser von wenigen Mikrometern haben, dafür aber viele Meter lang sein können. Ein solch ausgedehntes Hyphengeflecht ist notwendig, weil Pilze, anders als Pflanzen, nicht in der Lage sind, mit Hilfe des Sonnenlichtes aus Wasser und Kohlendioxid die zum Leben benötigten Nährstoffe selbst herzustellen. Vielmehr ernähren sich die meisten Pilze saprophytisch, d. h., sie gewinnen die zum Leben notwendigen Stoffe durch Zersetzung abgestorbener organischer Substanzen und müssen daher auf der Suche nach Nährstoffen oft große Substratflächen durchwachsen. So haben vor einigen Jahren in den USA durchgeführte Untersuchungen ergeben, dass das Myzel eines einzigen Pilzes, ein Gebiet von etwa 15 Hektar besiedeln und dabei ein Gewicht von etwa 10.000 kg erreichen kann. Damit ist dieses Exemplar das größte und wohl auch älteste bekannte Lebewesen der Erde. Fruchtkörper werden normalerweise nur gebildet, wenn die Bedingungen für die Ausbreitung und Keimung der Sporen besonders günstig sind, also zumeist im windigen und feuchten Herbst. Und damit der Wind die Sporen auch gut forttragen kann, muss der Fruchtkörper — zum Glück für die Sammler — aus dem sicheren Schutz des Waldbodens herausgeschoben werden.

Weil Fruchtkörper recht unterschiedlich aussehen können, benutzt man sie, um die Pilze in verschiedene Gruppen einzuteilen. Für Pilzsammler sind vor allem die Ständerpilze (Basidiomyzeten) interessant, denn zu ihnen gehören die meisten unserer Speisepilze. Diese Ständerpilze lassen sich dann noch in weitere Gruppen untergliedern, etwa in die Röhrlinge,

Einleitung

die ihre Sporen in Röhren auf der Hutunterseite bilden und die Lamellen- bzw. Blätterpilze, bei denen die Sporen zwischen Lamellen (auch Blätter genannt) an der Hutunterseite entstehen. Typische Pilze aus der erstgenannten Gruppe sind Steinpilz oder Maronenröhrling; ein Beispiel aus der zweiten Gruppe ist der Champignon. Allerdings gehören auch unsere gefährlichsten Giftpilze zu den Ständerpilzen.

Gefährdung durch Giftpilze

Da es immer wieder zu tödlichen Unfällen durch Giftpilze kommt, muss man annehmen, dass die Gefahren, die mit dem Verzehr von Pilzen verbunden sind, immer noch unterschätzt werden. Dabei wissen die Menschen schon seit Jahrtausenden, dass man um bestimmte Pilze besser einen großen Bogen macht, denn erste Angaben zur Giftigkeit dieser Organismen finden sich bereits bei den Gelehrten der Antike. Über die Ursachen machte man sich damals allerdings noch recht eigenartige Vorstellungen. Die vorherrschende Meinung war, Pilze würden ihre giftigen Eigenschaften durch äußere Einflüsse erhalten, also etwa dadurch, dass sie in der Nähe giftiger Kräuter wuchsen. Weit verbreitet war aber auch die Vorstellung, Giftschlangen könnten etwas mit der Gefährlichkeit von Pilzen zu tun haben, und später machte man oft Hexen, den Teufel, Blitz und Donner oder auch Sternschnuppen für die unseligen Eigenschaften dieser merkwürdigen Pflanzen verantwortlich.

Heute weiß man natürlich, dass die Giftigkeit von Pilzen eine unveränderliche Eigenschaft bestimmter Arten ist, äußere Umstände also keine Rolle spielen. Und man weiß auch, dass die Wahrscheinlichkeit, sich mit Pilzen zu vergiften, nicht einmal besonders groß ist, denn von den rund 6.000 in Europa beheimateten Großpilzen gelten nur etwa 180 als giftig oder giftverdächtig, und von diesen enthalten nur sehr wenige ein für den Menschen lebensgefährliches Toxin.

Todesfälle sind hier zu Lande in erster Linie auf den häufigen Grünen Knollenblätterpilz (*Amanita phalloides*) zurückzuführen, der im Volks-

mund auch „Grüner Mörder" genannt wird. Gelangen diese Pilze in die Küche, ist die höchste Alarmstufe angesagt, denn schon die Menge von 50 Gramm Frischgewicht reicht aus, um einen Erwachsenen zu töten; bei Kindern genügt wegen des geringeren Körpergewichts ein Bruchteil davon.

Daher muss man beim Sammeln von Pilzen unbedingt die größtmögliche Sorgfalt und Vorsicht walten lassen, wozu auch gehört, zweifelhafte Exemplare gar nicht erst mitzunehmen, um die Gefahr von Unfällen zu minimieren. Zu beachten ist außerdem, dass es eine Reihe von Pilzen gibt, die roh giftig sind, so dass man sie keinesfalls in Salaten verwenden darf, sondern sorgfältig kochen muss, damit das Gift zerstört wird.

Allerdings muss nicht jede Übelkeit oder jedes Erbrechen nach einer Pilzmahlzeit auf eine Vergiftung zurückzuführen sein. Manchmal sind die Pilze durch zu lange Lagerung verdorben, oder es liegt ein übermäßiger Genuss der nicht leicht verdaulichen Kost vor. Aber auch spezifische Unverträglichkeit und sogar Einbildung können zu Bauchschmerzen, Brechdurchfällen, Pulsbeschleunigung sowie Atemnot oder Beklemmung führen. Dennoch sollte man bei derartigen Beschwerden nach einer Pilzmahlzeit stets von einem Ernstfall ausgehen und den Arzt aufsuchen.

Pilzfremde Giftstoffe

Körperliche Schäden kann man sich aber nicht nur mit Giften zufügen, die von den Pilzen selbst produziert werden, sondern auch mit Substanzen, die diese aus der Umgebung aufnehmen. Hier sind besonders Schwermetalle zu nennen, die von einigen Speisepilzen regelrecht angereichert werden. Die Fähigkeit zu einer solchen Akkumulation ist artspezifisch und kann im Extremfall bis zu dreihundertfach erhöhte Konzentrationen erreichen.

Ganz besonders gilt dieses für das gesundheitsschädliche und vermutlich auch Krebs erregende Cadmium, das in der Industrie hauptsächlich als rostschützender Metallüberzug und in Legierungen verwendet wird.

Schon bei einer einzigen aus stark anreichernden Arten bestehenden Mahlzeit kann der von der Weltgesundheitsbehörde empfohlene Grenzwert von 0,5 Milligramm Cadmiumaufnahme pro Woche um das Zehnfache überschritten sein. Ein häufiger Genuss derart belasteter Pilze führt zwangsläufig zu einer Akkumulation im Körper und damit irgendwann zu Magen-, Darm-, Leber-, Nieren- oder Knochenschädigungen. Pilze kön-

Einleitung

nen aber auch durch Blei, Quecksilber und andere Schwermetalle vergiftet sein, so dass man an besonders belasteten Standorten, etwa in der Nähe von Müllverbrennungsanlagen oder Metallhütten, auf das Sammeln verzichten sollte.

Auch eine Anreicherung radioaktiver Substanzen durch Pilze ist möglich, wie sich nach dem Reaktorunfall von Tschernobyl im April 1986 zeigte, als in bestimmten Pilzen stark erhöhte Konzentrationen der Radionukleodide ^{131}Jod sowie ^{134}Cäsium und ^{137}Cäsium festgestellt wurden. Wegen der kurzen Halbwertszeiten (8 Tage bei ^{131}Jod; 2 Jahre bei ^{134}Cäsium) spielen die beiden erstgenannten Substanzen inzwischen keine Rolle mehr; das ^{137}Cäsium hat dagegen eine Halbwertszeit von 30 Jahren und wird unsere Umwelt noch sehr lange belasten. Allerdings gehen die meisten Experten davon aus, dass Speisepilze — sofern sie in Maßen genossen werden — auch nach der Katastrophe von Tschernobyl inzwischen kein besonderes Gesundheitsrisiko mehr darstellen.

Verhalten bei Pilzvergiftungen

Bei jedem Verdacht einer Pilzvergiftung, also bei plötzlich einsetzenden Bauchschmerzen, Brechdurchfällen oder auch Pulsbeschleunigung und Atemnot, muss sofort ein Arzt aufgesucht werden. Nehmen Sie auch dann ärztliche Hilfe in Anspruch, wenn Sie nur die leichteste Befürchtung haben, giftige Pilze gegessen zu haben. Falsche Scham ist bei Pilzvergiftungen unangebracht.

Ist nicht gleich ein Arzt zur Stelle, sollte man versuchen, den Magen zu entleeren. Erbrechen lässt sich recht einfach durch Trinken von Salzwasser (1 Esslöffel Kochsalz auf ein Glas Wasser) herbeiführen.

Sichern Sie eventuelle Reste der Pilzmahlzeit, alle Putzreste, aber auch Erbrochenes, damit später festgestellt werden kann, welcher Pilz die Vergiftung verursacht hat, um gezielt die notwendigen Behandlungsmaßnahmen einleiten zu können.

Bestimmung von Pilzen

Für die nicht ganz einfache Bestimmung von Pilzen ist es notwendig, sich zunächst einige Begriffe anzueignen, ohne die eine richtige Zuordnung einzelner Arten nicht möglich ist. Verlassen Sie sich aber niemals nur auf ein einziges Kennzeichen, sondern vergleichen Sie stets mehrere Merkmale. Ein Pilz mit einem grünen Hut kann ein essbarer Täubling oder Milchling sein, aber auch ein tödlich giftiger Grüner Knollenblätterpilz. Erst die weiteren Merkmale (unberingter bzw. beringter Stiel und unverdickte, nackte Stielbasis bzw. knollig verdickte Stielbasis mit Volva) lassen eine sichere Bestimmung zu.

Die Fruchtkörper der unterschiedlichen Pilzarten können recht verschieden aussehen. Bei den meisten Basidiomyzeten findet man allerdings eine typische Unterteilung in Hut und Stiel. Im folgenden sind die wichtigsten Merkmale, wie sie auch in diesem Buch zur Unterscheidung herangezogen werden, näher erläutert:

Hut

Die Größe der Pilzhüte kann sehr unterschiedlich sein. Während beispielsweise der Hut einiger Helmlinge nur etwa 1 cm groß wird, kann der des Riesenschirmlings *(Macrolepiota procera)* einen Durchmesser von bis zu 35cm erreichen. Die im Buch angegebene Größe muss als Richtwert angesehen werden, denn aufgrund spezieller Gegebenheiten am Standort können Abweichungen vorkommen.

Die Form des Hutes verändert sich bei vielen Pilzen im Laufe ihres Wachstums. So haben junge Exemplare zumeist gewölbte oder kugelige bis halbkugelige Hüte, während sie später oft flach ausgebreitet oder auch eingedrückt sind. Daher ist das Alter des entsprechenden Pilzes bei der Bestimmung unbedingt zu berücksichtigen.

Die Hutfarbe wird ebenfalls oft zur Bestimmung herangezogen, wobei es allerdings leicht zu Fehleinschätzungen kommen kann. Das liegt einmal daran, dass verschiedene Personen bei der Benennung einer

Einleitung

bestimmten Farbe nicht immer zu einem einheitlichen Urteil kommen, hat aber auch mit der oft recht variablen Färbung vieler Pilze zu tun. Außerdem sind die Farben im Alter manchmal sehr stark ausgebleicht, so dass die Ursprungsfärbung kaum noch sicher auszumachen ist. Daher sollte man die Farbe möglichst nur in Verbindung mit anderen Merkmalen benutzen.

Bei bestimmten Arten weist auch die Huthaut Besonderheiten auf. So haben beispielsweise Schmierröhrlinge bei Trockenheit eine klebrige, bei Feuchtigkeit eine schmierige bis schleimige Huthaut; andere Arten besitzen Schuppen (zumeist eine Folge der aufgeplatzten äußeren Huthaut) oder sind mit Velumresten (s. u.) bedeckt, wie es beispielsweise beim Fliegenpilz der Fall ist. Einige Arten lassen sich aber auch an der typischen Farbe ihres Fleisches erkennen oder an einer auffälligen Farbveränderung nach dem Durchschneiden (man sagt, „sie röten" oder „blauen"). Auffällig ist in vielen Fällen auch der Geruch (rettich- oder mehlartig, etc.), der Geschmack (bitter, nussartig, etc.) und die Konsistenz (holzig, schwammig, etc.).

Röhren und Lamellen

Die röhren- oder lamellenförmigen Strukturen, an denen die Sporen gebildet werden, sitzen in der Regel an der Unterseite des Hutes. Röhren sind im Querschnitt rund oder eckig und unten offen, wobei die Öffnungen als Poren bezeichnet werden. Da sich ich die Röhren einiger Pilze bei Druck oder Verletzung verfärben, bei anderen dagegen nicht, benutzt man diesen Farbumschlag als Erkennungsmerkmal.

Bei den Lamellenpilzen stehen die dünnen, blattartigen Lamellen manchmal weit auseinander oder auch dicht zusammen, was sich zur Unterscheidung einzelner Arten verwenden lässt. Aber auch der Ansatz der Lamellen am Stiel wird gern zur Bestimmung herangezogen. So können diese dort fest angewachsen sein oder sogar ein wenig am Stiel herablaufen; erreichen die Lamellen den Stiel überhaupt nicht, bleibt also zwischen beiden Strukturen ein Zwischenraum, so bezeichnet man den Ansatz der Lamellen als frei. Wenn sie in Stielnähe eine grabenartige Vertiefung aufweisen, nennt man dies ausgebuchtet angewachsen.

Sporen und Sporenpulver

Pilze unterscheiden sich häufig auch durch die Form ihrer Sporen (länglich, rundlich etc.) oder deren Ornamentierung (z. B. warzig, netzartig

Einleitung

etc.). Allerdings lassen sich diese Unterschiede der winzigen Strukturen nur im Mikroskop erkennen. Ein anderes Kennzeichen der Sporen kann man allerdings ohne optische Hilfsmittel benutzen: die Sporenfarbe. Um diese festzustellen, legt man einen entstielten Hut mit der Unterseite auf ein Blatt Papier und wartet einige Stunden, bis ein Teil der Sporen aus den Lamellen oder Röhren herausgefallen ist. Anhand dieses

Einleitung

Sporenpulvers, das aus Zehntausenden einzelner Sporen besteht, lässt sich die Sporenfarbe leicht bestimmen.

Wichtig ist dabei allerdings die Wahl des Untergrundes, da beispielsweise helle Sporen auf weißem Papier nur schlecht zu erkennen sind, so dass ein solcher Pilz stets auf eine dunkle Unterlage gelegt werden sollte, einer mit dunklen Sporen auf eine helle. Weil man jedoch in vielen Fällen nicht weiß, welche Sporenfarbe zu erwarten ist, empfiehlt es sich, den Hut jeweils zur Hälfte auf eine helle und dunkle Unterlage zu legen. Die Auswertung muss möglichst schnell erfolgen, da sich der Farbton beim Austrocknen der Sporen verändern kann.

Stiel

Die im Buch gemachten Angaben zur Länge und zum Durchmesser des Stiels sind ebenfalls als Richtwerte zu verstehen. Sehr viel typischer ist dagegen die Stieloberfläche, die beispielsweise gefurcht oder schuppig sein kann. Ein gutes Merkmal ist auch das charakteristische Netzmuster vieler *Boletus*-Arten.

Bei zahlreichen Pilzen weist der Stiel außerdem einen typischen Ring oder zumindest eine noch erkennbare Ringzone auf. Dabei handelt es sich um Reste des Velums, einer von vielen Pilzen gebildeten Hülle, die dem Schutz der jungen Fruchtkörper dient. Unterscheiden lassen sich eine Gesamthülle *(Velum universale)*, die den ganzen Jungpilz umgibt, und eine Teilhülle *(Velum partiale)*, die nur dem Schutz der Lamellen dient und nach dem Zerreißen häufig einen Ring am Stiel (manchmal auch Reste am Hutrand) zurücklässt. Dieser Ring kann hängend, aber auch einfach oder doppelt sein und in einigen Fällen zudem ein typisches Muster aufweisen, etwa eine zahnradartige Struktur.

Die Stielbasis ist besonders bei der Bestimmung der tödlich giftigen *Amanita*-Arten ein wichtiges Merkmal. So haben z. B. der Grüne Knollenblätterpilz *(Amanita phalloides)*, aber auch viele seiner Verwandten an der Stielbasis eine typische Hülle, die so genannte *Volva*. Dabei handelt es sich um den Rest der Gesamthülle (s. o.), von der der Pilz in sei-

ner Jugend völlig eingeschlossen war. Nach dem Aufreißen des *Velums universale* bleiben zumeist Reste an der Stielbasis, aber auch auf der Huthaut zurück.

Die *Volva* kann lappig oder gerandet sein, aber auch warzige Gürtel auf dem Stiel bilden. Bei einigen Pilzen, u. a. auch bei *Amanita*-Arten, ist sowohl eine Gesamthülle als auch eine Teilhülle vorhanden. Diese Pilze besitzen dann also nicht nur einen Ring, sondern auch eine *Volva*. Anderen Arten fehlt dagegen jegliche Art von Schutzhülle. Bei einigen von ihnen kann die Stielbasis aber in typischer Weise zugespitzt oder auch knollig verdickt sein.

Standort

Auch der Standort und das jahreszeitliche Auftreten der Pilze werden manchmal zur Erkennung herangezogen. So sind einige Arten stets unter bestimmten zu finden, weil sie mit deren Wurzeln eine Verbindung eingehen (Mykorrhiza), andere benötigen beispielsweise saure bzw. kalkhaltige Böden oder wachsen ausschließlich auf Holz.

Wie bereits erwähnt, bilden die Pilze ihre Fruchtkörper hauptsächlich im feuchten Herbst; allerdings gibt es auch Arten, bei denen sie bereits im Frühjahr erscheinen. In solchen Fällen kann dann auch das jahreszeitliche Erscheinen der Fruchtkörper ein Hinweis auf die entsprechende Art sein.

Hinweise zum Sammeln und Verwerten

Anfänger sollten sich beim Sammeln zunächst an Röhrenpilzen versuchen (sie sind in diesem Buch auch am Anfang aufgeführt), denn ihre Bestimmung ist einfacher, und es gibt unter ihnen außerdem nicht so viele und nicht so stark giftige Arten wie bei den Lamellenpilzen. Wer die Möglichkeit hat, eine Pilzberatungsstelle aufzusuchen, die im Herbst von vielen Städten und Gemeinden eingerichtet wird sollte sich das Resultat seiner Bestimmung dort bestätigen lassen. Außerdem bieten viele Volkshochschulen Kurse und Pilzexkursionen an, in deren Rahmen man sein Wissen über Pilze erweitern kann. Oder vielleicht gibt es auch jemanden in Ihrem Bekanntenkreis, der schon länger Pilze sammelt, den Sie um Rat fragen können.

Einleitung

Erst wenn man die Röhrenpilze gut genug kennt und etwas Erfahrung beim Bestimmen gewonnen hat, sollte man sich an die Lamellenpilze wagen, denn unter ihnen gibt es viele essbare Arten mit gefährlichen Doppelgängern. Daher ist es bei dieser Gruppe auch besonders wichtig, sich sein Bestimmungsergebnis von einem Experten bestätigen zu lassen, bevor man sich an den Verzehr wagt. Dass Schnecken und Insekten nur essbare Pilze befallen ist übrigens ebenso ein Ammenmärchen wie der Aberglaube, Giftpilze würden Silber oder Zwiebeln schwarz färben.

Der am besten geeignete Behälter zum Sammeln und Transportieren von Pilzen ist ein Korb. Absolut ungeeignet sind Plastiktüten, da mangelnder Luftaustausch, verbunden mit höheren Temperaturen, das Sammelgut schnell verderben lässt. Verwerten Sie die Pilze möglichst noch am Tag des Sammelns. Ist ein baldiger Verzehr nicht möglich, sollten die Pilze ausgebreitet sowie kühl und luftig gelagert werden.

Pilze, die nur zur Bestimmung und nicht zum Verzehr mitgenommen werden, transportiert man am besten getrennt, damit sie nicht versehentlich zwischen die Speisepilze geraten. Exemplare, die der Bestimmung dienen sollen, müssen möglichst vollständig sein, da fehlende Teile, beispielsweise die knollige Stielbasis mit der *Volva*, die bei Knollenblätterpilze oft im Boden verborgen ist, die Bestimmung in fataler Weise verfälschen können.

Vor der Zubereitung werden bei älteren Exemplaren die Röhren entfernt, außerdem schneidet man Fraßspuren heraus und prüft jedes Exemplar auf Madenbefall, indem man es an mehreren Stellen durchschneidet. Anschließend wäscht man die Pilze dann unter fließendem Wasser und lässt sie hinterher gut abtropfen. Nicht gleich verwertete Exemplare werden eingefroren, oder man trocknet sie und verwendet sie dann später zum Würzen. Dazu zieht man nicht allzu große Pilzstücke auf einen Faden und hängt diesen zum Trocknen waagerecht an einem luftigen, warmen Platz auf, beispielsweise auf dem Dachboden.

Einleitung

Dass viele Pilze des Schutzes bedürfen, weil sie inzwischen vom Aussterben bedroht sind, ist kaum bekannt. Man kann vermuten, dass Umwelteinflüsse, etwa saurer Regen oder Luftverschmutzung, menschliche Eingriffe in die Landschaft, z. B. landwirtschaftliche Intensivkultur oder die Entwässerung von Feuchtgebieten sowie in Einzelfällen auch eine zu starke Sammeltätigkeit dabei eine nicht unwichtige Rolle gespielt haben. Auf jeden Fall gibt es inzwischen zahlreiche Arten, die mit unterschiedlichen Gefährdungsgraden in einer Roten Liste aufgeführt werden mussten, so dass man eine Reihe von Pilzen heute nur noch für den Eigenbedarf sammeln darf und nicht für den Verkauf.

Dazu gehört, dass man immer nur so viele Pilze sammelt, wie man auch verbrauchen kann; dass ältere Exemplare, die zumeist nicht mehr besonders wohlschmeckend und zudem oft madig sind, zurückgelassen werden, damit sie ihre Sporen verbreiten können und dass man Exemplare seltener Arten verschont. Denn nur so stellen wir sicher, dass wir uns auch weiterhin an den schmackhaften Wald- und Wiesenbewohnern erfreuen können, die wir Pilze nennen, wobei dieses Buch hoffentlich ein wenig dazu beiträgt, dass Sie in Zukunft beim Sammeln von Pilzen nicht mehr das Gefühl haben, die Sache sei nicht ganz geheuer.

$\mathcal{B}$oletinus cavipes.............

Merkmale Der gewölbte, manchmal auch gebuckelte Hut hat einen Durchmesser von 4–12 cm; der Rand ist stark eingerollt, bei jungen Exemplaren sind außerdem häufig weiße Velumreste vorhanden. Die Huthaut ist trocken und stark filzig, normalerweise zitronen- bis braungelb gefärbt, kann aber manchmal auch rot-, orange- oder zimtbraun sein. Das Fleisch besitzt eine weiße bis gelbliche Farbe und verändert sich an Druckstellen oder beim Schneiden nicht. Die gelben bis olivfarbenen kur-

Röhrlinge

...*Hohlfußröhrling*

zen Röhren sind fest am Hutfleisch angewachsen und am Stiel herablaufend; die Poren sind auffallend groß, eckig, unregelmäßig und in der Tiefe abgestuft. Die spindelförmigen Sporen haben eine Größe von 8–10 × 3–4 µm; das Sporenpulver ist olivbraun. Der zylindrische, 3 bis 9 cm lange und 1–3 cm dicke Stiel ist stets hohl (auch bei jungen Exemplaren) und von gleicher Farbe wie der Hut; im oberen Drittel erkennt man einen weißen Ring oder eine Ringzone.

Standort Die Art kommt hauptsächlich unter Lärchen vor. In höheren Lagen ist sie stellenweise häufig, im Flachland kann sie ganz fehlen; die Fruchtkörper erscheinen in der Regel zwischen Juli und Oktober.

Wert Essbar.

Verwechslungsmöglichkeiten Ältere Exemplare des essbaren **Kornblumenröhrlings** (*Gyroporus castaneus,* S. 40) und des giftigen **Hasenröhrlings** (*G. cyanescens,* S. 42) können ebenfalls einen hohlen Stiel besitzen. Beide unterscheiden sich vom **Hohlfußröhrling** durch die anders geformten Poren, der Kornblumenröhrling läuft an Druckstellen oder beim Schneiden außerdem stark blau an. Sehr unregelmäßige Poren hat auch der Pfefferröhrling (*Chalciporus piperatus,* S. 36), dessen Stiel allerdings vollfleischig ist.

TIPP *Der Hohlfußröhrling ist ein nur mittelmäßiger Speisepilz, den man am besten in Mischpilzgerichten verwendet.*

Boletus calopus

Synonyme *Boletus pachypus, Boletus olivaceus*

Merkmale Der jung halbkugelige, später gewölbte Hut hat einen Durchmesser von 8–20 cm; die Huthaut ist hellgrau, ockerfarben oder blassbraun, fein filzig behaart und trocken. Das Fleisch besitzt eine weißliche bis graugelbe Farbe; beim Durchschneiden verfärbt sich die Schnittstelle blau. Die Röhren sind jung zitronengelb, später grünlich; die winzigen, rundlichen Poren laufen bei Druck sofort blaugrün an. Die spindelförmigen Sporen haben eine Größe von 10–16 × 3,5–5,5 µm; das Sporenpulver ist gelblich bis oliv. Der 7–15 cm lange und 4–6 cm dicke Stiel kann bauchig, keulenförmig oder zylindrisch sein; er ist leuchtend rot gefärbt und besitzt eine weißliche bis gelbe Netzzeichnung, die zur Basis hin immer dunkler wird.

Standort Die Art kommt in Laub- und Nadelwäldern vor und dort vorzugsweise auf saurem Boden. In Mittelgebirgen findet man den Schönfußröhrling etwas häufiger, sonst ist er selten; die Fruchtkörper erscheinen zwischen Juli und Oktober.

INFO *Der Schönfußröhrling kann mehr oder minder starke Verdauungsstörungen verursachen, die oft schon 15 bis 20 Minuten nach der Mahlzeit einsetzen und dann manchmal ein bis zwei Tage anhalten. Auch wenn Vergiftungen dieser Art zumeist glimpflich verlaufen, sollten sie dennoch nicht auf die leichte Schulter genommen werden, besonders wenn Kinder oder gesundheitlich geschwächte Personen an der Pilzmahlzeit teilgenommen haben.*

Schönfußröhrling,
Dickfußröhrling

Wert Giftig.

Verwechslungsmöglichkeiten Der Schönfußröhrling ist auf den ersten Blick mit dem ebenfalls giftigen *Satansröhrling* (*Boletus satanus,* S. 34) zu verwechseln, der allerdings rote Poren besitzt.

Boletus edulis

Merkmale Der gewölbte Hut, der einen Durchmesser von 8–25 cm hat, ist hell- bis dunkelbraun, manchmal auch rotbraun; sehr junge Exemplare können auch einen fast weißlichen Hut besitzen. Das weiße, direkt unter der Huthaut auch bräunliche Fleisch ist besonders bei jungen Exemplaren sehr fest. Die Röhren sind anfangs weiß, später gelblich bis olivgrün

Röhrlinge

26

Echter Steinpilz, Herren-pilz, Fichtensteinpilz

und leicht vom Hut abtrennbar, die Poren klein, rundlich und von gleicher Farbe wie die Röhren; die spindelförmigen Sporen haben eine Größe von 12–17 × 4,5–6,5 µm, das Sporenpulver ist olivbraun. Der 5–15 cm lange und 3–6 cm dicke Stiel ist bei jungen Exemplaren bauchig, später wird er keulenförmig oder zylindrisch. Die Farbe ist weißlich oder hellbraun; zumindest im oberen Teil erkennt man eine helle Netzzeichnung.

Standort Steinpilze kommen sowohl in Laub- als auch Nadelwäldern vor und dort besonders gern unter Fichten. Sie erscheinen zwischen August und November.

Wert Ausgezeichneter Speisepilz.

Verwechslungsmöglichkeiten Der sehr ähnlich aussehende, aber ungenießbare *Gallenröhrling* (*Tylopilus fellus*, S. 68) lässt sich an den rosafarbenen Röhren erkennen; der relativ seltene, giftige **Satansröhrling** (*Boletus satanus*; S. 34) hat rötliche Röhren und einen roten Stiel. Der **Flockenstielige Hexenröhrling** (*Boletus luridiformis*, S. 28) und der **Netzstielige Hexenröhrling** (*Boletus luridus*, S. 30), die beide roh giftig sind, haben eine rötliche Netzzeichnung.

TIPP *Der Steinpilz ist einer der schmackhaftesten Speisepilze. Da er inzwischen nicht mehr sehr häufig ist, darf er nur in kleinen Mengen für den eigenen Bedarf gesammelt werden.*

Boletus luridiformis

Synonyme   *Boletus erythropus, Boletus miniatoporus*

Merkmale   Der dunkelbraune Hut, der einen Durchmesser von 5–20 cm hat, ist anfangs halbkugelig, später gewölbt, die Huthaut filzig bis samtig und trocken. Die Röhren sind zunächst gelb, verfärben sich aber später oft grünlich; die kleinen, rundlichen Poren haben eine dunkelrote Farbe und laufen an Druckstellen sofort blaugrün bis blauschwarz an. Die elliptischen bis spindelförmigen Sporen sind 11–18 × 5–6 µm groß; das Sporenpulver ist olivbraun. Das Fleisch hat im Anschnitt zunächst eine zitronengelbe Farbe, wird dann aber sehr schnell blau und läuft schließlich grau an. Der gelbe, mit rötlichen Punkten bedeckte, keulenförmige bis zylindrische Stiel ist 5–15 cm lang und 3–5 cm dick; eine Netzzeichnung fehlt.

Standort   Der nicht seltene Flockenstielige Hexenröhrling kommt in Laub- und Nadelwäldern vor, wo er gern unter Eichen, aber manchmal auch in der Nähe von Buchen und Fichten wächst; die Fruchtkörper erscheinen zwischen Mai und Oktober.

Wert   Roh giftig.

Verwechslungsmöglichkeiten   Der ähnlich aussehende Netzstielige Hexenröhrling (*Boletus luridus*, S. 30) hat eine deutliche Netzzeichnung auf dem Stiel. Der giftige Satansröhrling (*Boletus satanus*, S. 34) hat einen helleren Hut, außerdem verfärbt sich sein Fleisch beim Scheiden nicht so stark und auch nicht so schnell blau.

Flockenstieliger Hexen-
röhrling, Schusterpilz

INFO

Der Flockenstielige Hexenröhrling gilt gut gekocht als wohlschmeckender Speise-pilz, der allerdings sehr oft madig ist. Roh verzehrte Pilze können Magenbeschwer-den hervorrufen.

Boletus luridus

Merkmale Der jung halbkugelige, später gewölbte Hut hat einen Durchmesser von 5–20 cm. Die Färbung ist sehr variabel. Häufige Farbtöne sind olivgelb, olivbraun, ockerfarben oder orangebraun, manchmal sind die Hüte aber auch rötlich. Das Fleisch ist gelblich und läuft beim Anschneiden sofort stark blau bis blaugrün an, verblasst aber später wieder. Die Röhren sind jung gelb, später zumeist gelbgrün; die Poren ha-

Röhrlinge

Netzstieliger Hexenröhrling

ben anfangs eine zumeist orangerote, dann häufig eine dunkelrote Färbung und laufen bei Berührung schnell blau an. Die elliptischen bis spindelförmigen Sporen sind 10–15 × 5–7 μm groß; das Sporenpulver hat eine olivbraune Farbe. Der gelbe Stiel ist 4–20 cm lang und 1–5 cm dick und auf der ganzen Länge von einem roten Netz überzogen.

Standort Der recht häufige Netzstielige Hexenröhrling kommt hauptsächlich in Laub- und Nadelwäldern vor, manchmal auch in Parks; die Fruchtkörper erscheinen zwischen Juni bis Oktober.

Wert Die Art verursacht roh verzehrt häufig Verdauungsstörungen. Gut gekocht wird er vielfach als schmackhafter Speisepilz bezeichnet, aber es scheint Menschen zu geben, die ihn auch dann nicht vertragen, so dass vom Verzehr abgeraten wird.

Verwechslungsmöglichkeiten Der giftige Satansröhrling (*Boletus satanus*, S. 34) verfärbt sich beim Schneiden nicht so stark blau, der roh ebenfalls giftige Flockenstielige Hexenröhrling (*B. luridiformis*, S. 28) hat einen netzlosen Stiel.

INFO *Beim Verzehr des Netzstieligen Hexenröhrlings darf vor oder nach der Pilzmahlzeit kein Alkohol getrunken werden, weil es sonst zu Schwindelanfällen, Atemnot, Angstzuständen, Herzrhythmusstörungen und einem Absinken des Blutdrucks bis hin zum Kollaps kommen kann.*

Boletus recticulatus.......

Synonym *Boletus aestivalis*

Merkmale Der jung halbkugelige, später gewölbte Hut hat einen Durchmesser von 12–25 cm; die hell- bis nussbraune Huthaut ist matt, bei Trockenheit zumeist zerrissen. Das Fleisch hat eine weiße, an den Röhren zitronengelbe und unter der Huthaut bräunliche Farbe und einen nussartigen Geschmack. Die Röhren sind zunächst weißlich, später gelbgrün, die Poren klein, rund und von gleicher Farbe wie die Röhren; Druckstellen bleiben farblich unverändert. Die spindelförmigen, glatten Sporen haben eine Größe von 12–16 × 4,5–5,5 µm; das Sporenpulver ist hell olivbraun. Der Stiel hat eine Länge von 7–15 cm und eine Dicke von 2–5 cm; er ist anfangs stark bauchig, später zylindrisch, grau- bis hellbraun gefärbt und von einem deutlichen, weißen bis bräunlichen Netz überzogen.

Standort Die relativ häufige Art kommt hauptsächlich in Laubwäldern vor und dort gern unter Eichen und Buchen; die Fruchtkörper erscheinen zwischen Mai und September.

Wert Ausgezeichneter Speisepilz.

Verwechslungsmöglichkeiten Hüten muss man sich vor dem ähnlichen, aber ungenießbaren bitteren **Gallenröhrling** (*Tylopilus felleus*, S. 68), der rosa gefärbte Röhren hat und vor dem giftigen **Satansröhrling** (*Boletus satanus*; S. 68) mit seinen rötlichen Röhren und dem ebenso gefärbten Stiel. Ähnlich ist auch der essbare **Echte Steinpilz** (*Boletus edulis*, S.26), der allerdings früher im Jahr erscheint und außerdem vorzugsweise unter Fichten wächst.

...Sommersteinpilz,
Eichensteinpilz

INFO

*Der Sommersteinpilz ist ein ganz aus-
gezeichneter Speisepilz, aber selbst
jüngere Exemplare sind leider schon
oft madig.*

Boletus satanus

Merkmale Der jung fast kugelige, später gewölbte, weiß-, silber- bis oliv-graue oder hell lederfarbene Hut hat einen Durchmesser von 6–25 cm; die Huthaut ist jung feinfilzig behaart, später glatt. Das Fleisch besitzt eine weißliche bis gelbe Farbe und wird im Anschnitt blau; alte Exemplare haben oft einen unangenehmen Aas- oder Schweißgeruch. Die Röhren sind anfangs gelblich, später zumeist gelbgrün; die kleinen, rundlichen, zunächst gelben, später roten oder rotbraunen Poren laufen an Druckstel-

Röhrlinge

Satansröhrling, Satanspilz

len grünblau an. Die Sporen haben eine Größe von 10–15 × 5–7 μm; das Sporenpulver ist olivbraun. Der relativ gedrungene, an der Basis verdickte Stiel ist 4–15 cm lang und 3–10 cm dick; er hat in Hutnähe eine gelbe, nach unten hin zunehmend rötliche Färbung und ist in voller Länge mit einem roten Netz überzogen.

Standort Diese sehr seltene wärmeliebende Art kommt hauptsächlich im Süden Deutschlands vor, wo sie sonnige Kalkhänge mit Laubbaumbestand (Eichen und Buchen) bevorzugt; die Fruchtkörper erscheinen zwischen Juni und Oktober.

Wert Giftig.

Verwechslungsmöglichkeiten Eine gewisse Ähnlichkeit hat der roh und in Verbindung mit Alkohol giftige **Netzstielige Hexenröhrling** (*Boletus luridus*, S. 30), der aber viel schneller und stärker blau anläuft. Der ebenfalls giftige **Schönfußröhrlings** (*B. calopus*, S. 24) hat keine roten oder rotbraunen Poren.

INFO *Es handelt sich um einen Giftpilz, dessen Genuss mehr oder minder starke Verdauungsstörungen hervorrufen kann. Da die Art sehr selten ist kommt es kaum zu Verwechslungen mit anderen Röhrlingen.*

C halciporus piperatus

Synonym *Boletus piperatus*

Merkmale Der annähernd halbkugelige, im Alter oft flache Hut hat einen Durchmesser von 2–6 cm; die ocker- oder orange, manchmal auch rostbraune Huthaut ist glatt und glänzend, bei Regen auch klebrig oder schmierig. Das Fleisch hat eine zitronengelbe bis fleischrote Farbe und einen pfeffrig scharfem Geschmack. Die Röhren sind jung orange-, später oft auch rot- oder rostbraun, die Poren groß, unregelmäßig eckig und von gleicher Farbe wie die Röhren; die spindelförmigen Sporen haben eine Größe von 8–12 × 3–4 µm, das Sporenpulver ist rötlich bis braun. Der schlanke, zur Basis hin verjüngte, manchmal auch gebogene Stiel ist 3–6 cm lang, 0,5–1 cm dick und von ähnlicher Farbe wie der Hut.

Standort Die nicht seltene, manchmal in Gruppen, aber nie massenhaft auftretend Art kommt in Nadel- und Mischwäldern vor, wo sie gern unter Kiefern und Fichten wächst; die Fruchtkörper erscheinen zwischen Juli und November.

Wert Essbar.

Verwechslungsmöglichkeiten Es gibt weitere, ähnlich aussehende, zumeist ungenießbare Arten dieser Gattung, die aber alle sehr selten sind. Der essbare **Hohlfußröhrling** (*Boletinus cavipes*, S. 22) hat ebenfalls sehr unregelmäßige Poren, aber im Gegensatz zum Pfefferröhrling einen hohlen Stiel.

Röhrlinge

...Pfefferröhrling

TIPP Der Pfefferröhrling hat einen sehr scharfen Geschmack, so dass man ihn praktisch nur als Würzpilz verwenden kann,
etwa um einem Gericht aus Mischpilzen
eine pikantere Note zu verleihen. Ge-
trocknet und pulverisiert lässt er sich
als Pfefferersatz verwenden.

Gyrodon lividus

Synonyme *Boletus brachyporus, Uloporus lividus*

Merkmale Der anfangs halbkugelige, später flach gewölbte oder niedergedrückte, oft mit kleinen Grübchen versehene Hut hat einen Durchmesser von 4–12 cm. Die Huthaut ist jung gelb, später ocker- bis rotbraun

Erlengrübling

und trocken leicht klebrig, feucht zumeist schmierig. Das leicht säuerlich riechende und schmeckende Fleisch hat eine gelbliche, an der Stielbasis oft auch bräunlich Farbe und wird beim Durchschneiden leicht blau; die weit am Stiel herablaufenden Röhren sind sehr kurz, im Alter oft unterschiedlich lang und nur sehr schwer vom Fleisch abzulösen. Jung haben sie eine gelbliche Farbe, später sind sie oliv bis olivbraun; bei Druck laufen sie zunächst blau, dann braun an. Die Poren sind anfangs sehr klein, später größer und deutlich eckig; die kurzen ellipilischen Sporen haben eine Größe von 4–8 × 3–5 μm, das Sporenpulver ist ockerfarben bis bräunlich. Der Stiel ist 3–10 lang und 0,5–2 cm dick, am Grunde verjüngt und dort zumeist auch etwas gebogen. Seine Färbung gleicht der des Hutes, an dem er leicht exzentrisch angewachsen sein kann.

Standort Die ziemlich seltene Art kommt vorzugsweise an feuchten Standorten vor und dort fast ausschließlich unter Erlen. Die Fruchtkörper erscheinen zwischen Juli und Oktober.

Wert Essbar.

Verwechslungsmöglichkeiten Vor allem wegen seines Vorkommens an feuchten Standorten und seiner Anpassung an Erlen eigentlich unverwechselbar.

INFO *Der Erlengrübling ist zwar essbar, aber Geschmacklich von eher minderer Qualität. Da er außerdem in seinem Bestand gefährdet ist, sollte man auf den Verzehr verzichten.*

Gyroporus castaneus

Synonym *Boletus castaneus*

Merkmale Der anfangs gewölbte, später flache, kastanien- bis zimtbraune Hut hat einen Durchmesser von 3–10 cm; die Huthaut ist trocken und samtig bis fein filzig, das Fleisch weiß und brüchig. Die Röhren haben zunächst eine weiße, dann eine gelbliche Färbung; die Poren sind klein, rundlich, von ähnlicher Farbe wie die Röhren und werden an Druckstellen oft braun. Die elliptischen Sporen haben eine Größe von 8–11 × 4–6 μm; das Sporenpulver ist gelblich. Der 4–8 cm lange und 1–3 cm dicke Stiel ist zylindrisch bis keulenförmig und zunächst markig gefüllt, dann zumeist gekammert und schließlich hohl. Die Farbe ähnelt der des Hutes, kann aber auch etwas heller sein.

Standort Der Hasenröhrling kommt in Laub- und Nadelwäldern vor. Er ist nicht sehr häufig und fehlt in Norddeutschland fast völlig; die Fruchtkörper erscheinen zwischen Juli und November.

Wert Giftig.

Verwechslungsmöglichkeiten Der ungiftige **Kornblumenröhrling** (*Gyroporus cyanescens*, S. 42) hat ebenfalls einen gekammerten bzw. hohlen Stiel, unterscheidet sich aber durch den andersfarbigen Hut und die intensive Blaufärbung an Schnitt- und Druckstellen. Der essbare **Maronenröhrling** (*Xerocomus badius*, S. 70) zeigt eine ähnliche Hutfärbung, aber seine Röhren laufen bei Druck blau an, und er besitzt niemals einen gekammerten oder hohlen Stiel.

...Hasenröhrling,
Rundfußröhrling

INFO

Die Art wurde früher häufig als essbar bezeichnet, aber es gibt inzwischen Hinweise auf eine Giftverdächtigkeit, so dass man den Pilz weder sammeln noch verzehren sollte. Außerdem ist er in seinem Bestand stark gefährdet und schon deswegen schützenswert.

Gyroporus _cyanescens_

Synonyme _Boletus cyanescens, Coelopus cyanescens, Suillus cyanescens_

Merkmale Der anfangs halbkugelige, später gewölbte Hut hat einen Durchmesser von 5–12 cm; die blassgelbe, im Alter auch hellbraune Huthaut ist trocken und filzig behaart, das weiße Fleisch verfärbt sich beim

Röhrlinge

Kornblumenröhrling

Anschneiden sofort intensiv (kornblumen-)blau. Die Röhren sind jung weiß, später auch gelblich, die Poren klein, zumeist rundlich und ähnlich gefärbt wie die Röhren; bei Druck oder Verletzung kommt es zu einer starken Blaufärbung. Die kurzen elliptischen Sporen sind 9–11 × 5–7 μm groß; das Sporenpulver ist blassgelb. Der zylindrische, manchmal am Grunde verdickte Stiel ist 6–12 cm lang und 2–3 cm dick. Er hat die gleiche Farbe wie der Hut; das Innere ist zunächst markig, dann gekammert und schließlich hohl.

Standort Der Kornblumenröhrling kommt in lichten Laub- und Nadelwäldern vor, wo man ihn besonders zwischen Heidekraut und unter Kiefern oder Birken findet. Bevorzugt werden saure Böden; die Fruchtkörper erscheinen zwischen Juli und September.

Wert Kornblumenröhrlinge sind essbar, aber nicht sehr schmackhaft.

Verwechslungsmöglichkeiten Der nah verwandte, aber giftige Hasenröhrling (*Gyroporus castaneus*, S. 40) hat ebenfalls einen gekammerten oder hohlen Stiel, unterscheidet sich aber durch die Hutfarbe und die fehlende Blaufärbung an Schnitt- und Druckstellen.

TIPP *Die Art ist relativ selten und kommt höchstens in bestimmten Regionen, beispielsweise im Schwarzwald und in Bayern etwas häufiger vor. Da sie zudem nicht sehr schmackhaft sind, sollte man auf das Sammeln dieser Pilze verzichten.*

Leccinum griseum ....

Synonym *Leccinium carpini*

Merkmale Der anfangs halbkugelige, später flach gewölbte Hut hat einen Durchmesser von 5–15 cm; die Huthaut ist jung zumeist gelb- oder graubraun, im Alter dagegen oliv- bis schwarzbraun. Sie lässt sich nicht abziehen, ist oft runzlig oder grubig vertieft, im Alter auch feldartig zerrissen; bei feuchtem Wetter kann sie etwas klebrig sein. Das Fleisch ist weißlich und läuft beim Schneiden rötlich oder violett bis schwärzlich an; bei älteren Exemplaren kann es ziemlich weich sein, besonders im Hut. Die sehr langen Röhren sind zunächst weißlich, im Alter auch grau, ocker oder leicht oliv; die kleinen, rundlichen Poren haben die gleiche Farbe wie die Röhren und verfärben sich an Druckstellen grau. Die länglich-spindelförmigen Sporen sind 14–20 × 5–7 μm groß; das Sporenpulver ist bräunlich. Der zylindrische, weißliche bis cremefarbene Stiel ist 8–12 lang und 1–2 cm dick und normalerweise dicht mit grauen, braunen oder auch schwärzlichen Schuppen bedeckt.

Standort Die nicht sehr häufige Art kommt nur in Laubwäldern und dort fast ausschließlich unter Hainbuchen vor; die Fruchtkörper erscheinen zwischen Juli und Oktober.

Wert Essbar.

Verwechslungsmöglichkeiten Eine Verwechslung mit anderen essbaren Arten der Gattung Leccinium ist möglich, etwa dem **Birkenröhrling** (*Leccinum scabrum*, S. 48), der allerdings hauptsächlich unter Birken wächst.

Röhrlinge

...Hainbuchenröhrling,
Graukappe

INFO

Der Hainbuchenröhrling ist jung ein guter
Speisepilz. Allerdings verfärbt er sich bei
der Zubereitung schwärzlich und sieht
dann etwas unappetitlich aus. Der Geschmack wird dadurch aber nicht beein-
trächtigt.

Leccinum rufum

Synonyme *Boletus rufus, B. versipellis, Leccinum aurantiacum*

Merkmale Der anfangs halbkugelige, später gewölbte und schließlich breit polsterförmige Hut hat einen Durchmesser von 5–20 cm. Er ist normalerweise orangerot bis orangebraun, kann aber auch rötlich oder rot-

Espenrotkappe, Rothäubchen

braun sein und im Alter manchmal ausgebleicht. Die nicht abziehbare Huthaut ist filzig und trocken, bei feuchtem Wetter oft auch etwas schmierig. Das weißliche Fleisch läuft nach dem Durchschneiden zunächst rötlich, dann schwärzlich an. Die Röhren sind auffällig lang und zunächst weißlich, im Alter aber auch grau oder oliv; die ziemlich kleinen rundlichen Poren haben die gleiche Farbe wie die Röhren und laufen an Druckstellen rötlich an. Die spindelförmigen Sporen sind 13–16 × 4–5 µm groß; das Sporenpulver ist olivbraun. Der zumeist zylindrische Stiel, der eine Länge von 8–20 cm und eine Dicke von 1–5 cm besitzt, ist jung mit weißlichen Schuppen bedeckt, die sich später orange und schließlich bräunlich verfärben.

Standort Die inzwischen stark rückläufige Art kommt vorzugsweise unter Zitterpappeln (Espen) vor; die Fruchtkörper erscheinen zwischen Juni und Oktober.

Wert Roh giftig. Verfärbt sich beim Kochen schwärzlich.

Verwechslungsmöglichkeiten Espenrotkappen können mit anderen essbaren Arten der Gattung *Leccinium* verwechselt werden, etwa mit der **Birkenrotkappe** (*Leccinum versipelle*, S. 50), die hauptsächlich unter Birken wächst und deren Stielschuppen von Anfang an schwärzlich gefärbt sind.

TIPP *Die Espenrotkappe gilt gekocht als essbar und durchaus bekömmlich. Da sie nicht mehr sehr häufig und daher eingeschränkt geschützt ist, darf sie nur für den Eigenbedarf gesammelt werden.*

Leccinum scabrum

Synonym *Boletus scaber*

Merkmale Der anfangs halbkugelige oder glockige, dann zumeist flach gewölbte Hut hat einen Durchmesser von 5–15 cm und kann grau-, rot- oder dunkelbraun, manchmal auch weißlich oder schwarzbraun gefärbt sein; das Fleisch ist weißlich, im Alter auch weißgrau. Die Röhren sind sehr lang (manchmal dicker als das Hutfleisch) und zunächst weißlich, später grau; die kleinen, runden oder auch leicht eckigen Poren haben normalerweise die gleiche Farbe wie die Röhren, können aber auch leicht rosa sein; an Druckstellen laufen sie schwärzlich an. Die spindelförmigen Sporen sind 13–18 × 5–6 µm groß; das Sporenpulver ist gelblich bis hellbraun. Der 8–15 cm lange und 1–2 cm dicke Stiel ist weißlich und in der Regel mit kleinen, abstehenden, grauen oder braunen Schuppen besetzt, die im Alter schwarz werden.

Standort Die häufige Art wächst hauptsächlich unter Birken; die Fruchtkörper erscheinen zwischen Juni und November.

Wert Essbar. Darf nur für den Eigenbedarf gesammelt werden.

Verwechslungsmöglichkeiten Der Birkenpilz kann mit anderen, allerdings ebenfalls essbaren Leccinium-Arten verwechselt werden, etwa der unter Zitterpappeln wachsenden **Braunen Rotkappe** (*Leccinum duriusculum*), deren Fleisch an der Luft rötlich-violett anläuft und mit der ebenfalls unter Birken wachsenden **Birkenrotkappe** (*L. versipelle*, S. 50), deren Stielschuppen von Anfang an schwärzlich gefärbt sind.

...Birkenpilz,
Birkenröhrling

TIPP

Junge Birkenpilz sind durchaus
schmackhaft, sieht man einmal
vom Stiel ab, der oft holzig ist.
Beim Kochen wird das Fleisch
schwarz, was sich aber nicht nega-
tiv auf den Geschmack auswirkt.

Leccinum versipelle

Birkenrotkappe, Heiderotkappe

Synonym Leccinum testaceoscabrum

Merkmale Der anfangs halbkugelige, später auch breit polsterförmige Hut hat einen Durchmesser von 5–20 cm, die Färbung ist normalerweise gelborange bis orangerot, kann aber auch ockerfarben oder ziegelrot und im Alter gelblich bis lederfarben sein. Die Huthaut wirkt feinfilzig und trocken, bei länger anhaltenden Regenfällen auch etwas klebrig; das weißliche Fleisch läuft beim Durchschneiden rosaviolett oder violettgrau an. Die Röhren sind schmutzigweiß bis grau mit sehr kleinen rundlichen Poren, die bei jungen Exemplaren eine rauch- oder olivgraue Färbung aufweisen, im Alter aber oft etwas ausblassen. Die spindelförmigen Sporen haben eine Größe von 12–16 × 4–5 µm; das Sporenpulver ist bräunlich. Der jung zumeist bauchige, später zylindrische oder keulenförmige weißliche Stiel ist 10–18 cm lang, 2–5 cm dick und mit schwarzen bis schwarzbraunen Schuppen bedeckt.

Standort Die stellenweise häufige Art kommt hauptsächlich unter Birken vor; die Fruchtkörper erscheinen zwischen Juni und Oktober.

Wert Essbar; verfärbt sich bei der Zubereitung schwärzlich.

Verwechslungsmöglichkeiten Eine Verwechslung mit anderen Leccinium-Arten ist möglich, etwa der essbaren **Espenrotkappe** (*Leccinum rufum*, S. 46), die hauptsächlich unter Zitterpappeln vorkommt und deren Stielschuppen anfangs weißlich sind und sich erst später bräunlich verfärben.

TIPP *Die Birkenrotkappe ist ein guter Speisepilz, dessen Bestände allerdings in den letzten Jahren stark rückläufig sind, so dass er nur noch in geringer Menge für den Eigenbedarf gesammelt werden darf.*

Porphyrellus porphyrosporus

Synonyme *Boletus pseudoscaber, Porphyrellus pseudoscaber*

Merkmale Der anfangs halbkugelige, später gewölbte oder auch ausgebreitete Hut hat einen Durchmesser von 6–16 cm. Er ist grau- bis schwarzbraun gefärbt, wirkt manchmal aber auch leicht grünlich oder violett; die schwer ablösbare Huthaut ist fein samtig oder glatt. Das weißlich Fleisch läuft beim Durchschneiden nach einigen Minuten rötlich, blaugrün oder sogar schwärzlich an; der Geruch ist leicht säuerlich. Die Röhren sind jung graubraun, später schwarzbraun, die winzigen rundlichen Poren haben eine ähnliche Färbung wie die Röhren und laufen bei Berührung dunkel an. Die spindelförmigen Sporen sind 14–18 × 6–7 μm groß; das Sporenpulver ist bräunlich. Der Stiel ist 6–16 cm lang, 1–4 cm dick und von ähnlicher Farbe wie der Hut.

Standort Die nicht seltene Art kommt hauptsächlich in höher gelegenen Nadelwäldern und dort gern unter Kiefern vor, man kann sie aber in seltenen Fällen auch einmal in Laubwäldern finden; die Fruchtkörper erscheinen zwischen Juli und Oktober.

Wert Jung essbar.

Verwechslungsmöglichkeiten Aufgrund der typischen Färbung ist dieser Pilz kaum mit anderen Arten zu verwechseln. Der ebenfalls dunkle, ungenießbare **Strubbelkopfröhrling** (*Strobilomyces strobilaceus*, S. 54) hat einen dicht mit Schuppen besetzten Hut und sehr typische, fast kugelige Sporen mit einer netzartigen Auflagerung.

....*Porphyrröhrling*

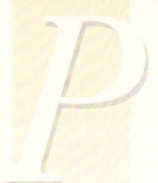

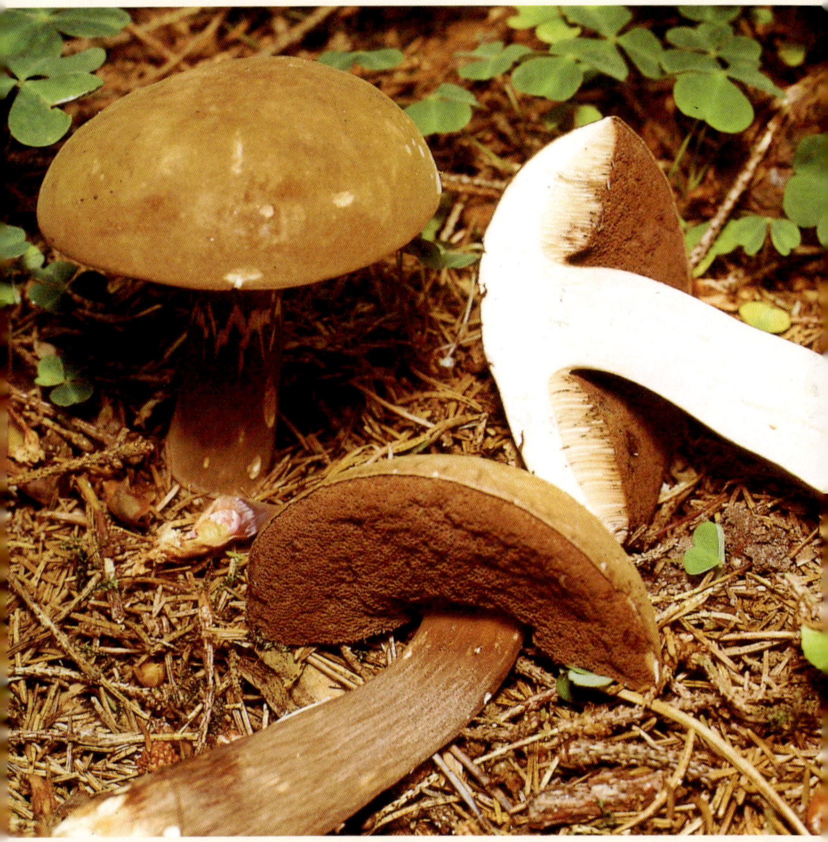

TIPP

Junge Exemplare sind essbar, aber nicht besonders schmackhaft. Da er aufgrund der düsteren Farben einen etwas unappetitlichen Eindruck macht, wird er kaum gesammelt.

Strobilomyces strobilaceus

INFO

Sehr junge Exemplare sollen nach Angaben einiger Autoren genießbar sein,
aber da der Pilz nicht nur recht unappetitlich aussieht, sondern auch unangenehm riecht, wird er kaum gesammelt.

Röhrlinge

Strubbelkopfröhrling

Synonym *Strobilomyces floccopus*

Merkmale Der anfangs fast kugelige, später auch gewölbte oder flach ausgebreitete, schwarzbraune Hut hat einen Durchmesser von 5–15 cm. Die dicke Huthaut ist in große wollig-filzige Schuppen aufgebrochen; am Rand finden sich häufig noch Velumreste. Das weißliche bis graue Fleisch verfärbt sich an Schnittstellen zunächst rötlich und dann schwärzlich. Die Röhren sind bei jungen Exemplaren weißlich bis grau, bei älteren zumeist etwas dunkler; die rundlichen bis eckigen Poren verfärben sich an Druckstellen rötlich. Die mit einer netzartigen Struktur versehenen Sporen sind 10–13 × 8,5–10 μm groß; das Sporenpulver ist dunkelbraun bis fast schwarz. Der schwarzbraune bis schwarze, zylindrische Stiel ist 8–18 lang, 1–3 cm dick und normalerweise mit einem wollig-filzigen Belag bedeckt; im oberen Teil ist häufig eine Ringzone zu erkennen.

Standort Die stellenweise häufige Art kommt in Nadel- und Laubwäldern vor, wo man sie oft in Gruppen findet, besonders unter Buchen; die Fruchtkörper erscheinen zwischen Juli und Oktober.

Wert Ungenießbar.

Verwechslungsmöglichkeiten Dank seiner typischen Färbung und des schuppigen Hutes kaum mit anderen Pilzen zu verwechseln. Der ebenfalls dunkle, jung essbare Porphyrröhrling (*Porphyrellus porphyrosporus*, S. 52) hat keinen schuppigen Hut und keine netzartig ornamentierten Sporen.

Suillus bovinus

Merkmale Der anfangs halbkugelige, später gewölbte und schließlich abgeflachte Hut hat einen Durchmesser von 5–10 cm; die gelb- bis orange- oder auch olivbraune Huthaut ist bei Trockenheit klebrig, bei Regen schmierig und schwer abziehbar. Das relativ zähe Fleisch hat eine weißliche bis hellgelbe (im Stiel manchmal auch rötliche) Farbe und einen leicht fruchtigen Geruch. Die etwas am Stiel herablaufenden Röhren sind zunächst gelblich, später ockerfarben bis oliv und lassen sich schwer vom Hutfleisch ablösen; die in der Länge abgestuften, eckigen Poren haben die gleiche Farbe wie die Röhren. Die spindelförmigen Sporen sind 7–10 × 3–4 µm groß; das Sporenpulver ist bräunlich bis oliv. Der zylindrische, an der Basis zumeist zugespitzte und oft gebogene Stiel ist 4–10 lang und 0,5–2 cm dick und von gleicher Farbe wie der Hut.

Standort Die häufige Art kommt vorzugsweise auf sandigen Böden vor, wo man sie besonders unter Kiefern findet; die Fruchtkörper erscheinen zwischen Juni und November.

Wert Essbar.

Verwechslungsmöglichkeiten Der Kuhröhrling ähnelt auf den ersten Blick dem **Körnchenröhrling** (*Suillus granulatus*, S. 58), lässt sich jedoch durch die fehlende Körnung am Stiel leicht unterscheiden. Der **Goldröhrling** (*S. grevellei*, S. 60) hat einen beringten Stiel, der Sandröhrling (*S. variegatus*, S. 64) einen filzig trockenen Hut. Alle drei sind essbar.

...Kuhröhrling

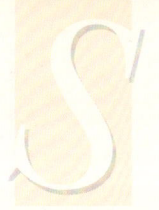

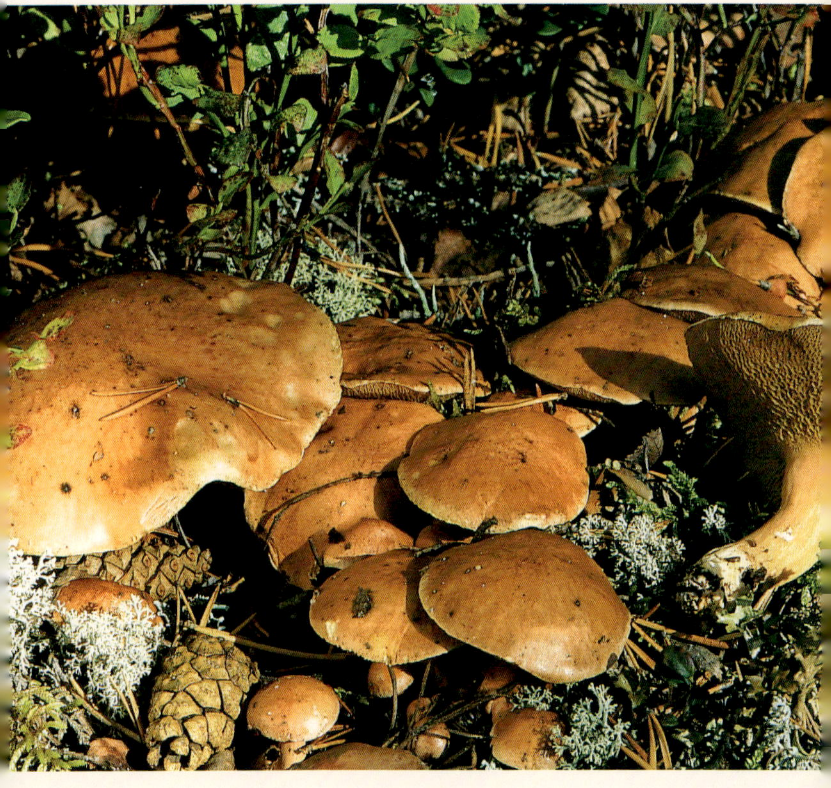

TIPP

Der Kuhröhrling ist nicht besonders schmackhaft, so dass man ihn nur in Mischpilzgerichten verwenden sollte. Das Fleisch verfärbt sich beim Kochen rötlich.

Suillus granulatus

Merkmale Der jung halbkugelige, später flach gewölbte Hut hat einen Durchmesser von 4–10 cm und eine gelbbraune, rötliche oder auch braunrote Färbung. Die Huthaut ist trocken klebrig, bei Regen stark schmierig; das Fleisch hat eine weiße bis gelbliche Farbe. Die etwas am Stiel herablaufenden Röhren sind zunächst hellgelb, später auch ocker-

Röhrlinge

Körnchenröhrling, Schmerling

farben oder braungelb; die eckigen, jung sehr kleinen Poren haben die gleiche Farbe wie die Röhren. Die spindelförmigen Sporen sind 7–10 × 3–4 µm groß; das Sporenpulver ist bräunlich bis oliv. Der zylindrische, 3–7 cm lange und 1–1,5 cm dicke Stiel ist weiß bis gelblich, später oft bräunlich; die Stiele junger Exemplare scheiden im oberen Bereich milchige Tropfen aus, die sich durch herabfallendes Sporenpulver häufig dunkel verfärben und dem Stiel dann nach dem Eintrocknen die typische bräunliche Körnung verleihen.

Standort Die stellenweise häufig auftretende Art kommt vorzugsweise unter Kiefern vor; die Fruchtkörper erscheinen zwischen Juni und November.

Wert Essbar und wohlschmeckend.

Verwechslungsmöglichkeiten Verwechslungen mit dem manchmal Allergien verursachenden **Butterpilz** (*Suillus luteus,* S. 62) sind möglich, wenngleich dieser einen dunkleren Hut und einen beringten Stiel besitzt. Der **Goldröhrling** (*Suillus grevellei,* S. 60) wächst fast immer unter Lärchen, der **Kuhröhrling** (*Suillus bovinus,* S. 56) hat keinen körnigen Stiel und beim **Sandröhrling** (*Suillus variegatus,* S. 64) ist die Huthaut filzig und trocken. Alle drei Arten sind essbar.

TIPP *Der Körnchenröhrling ist ein guter Speisepilz, der sich auch ausgezeichnet zum Trocknen verwenden lässt. Die Huthaut sollte vor der Zubereitung entfernt werden.*

59

Suillus grevillei

Synonyme *Boletus elegans, B. falvus, B. grevillei*

Merkmale Der anfangs stumpf kegelförmige, später flach gewölbte oder ausgebreitete Hut hat einen Durchmesser von 4–12 cm und häufig einen Spitzbuckel. Der Rand ist zumeist eingerollt und lässt oft noch Reste des Velums erkennen. Die Farbe der Huthaut kann zitronen- bis goldgelb sein, aber auch gelb-orange oder sogar rotbraun; sie ist leicht abziehbar und bei Trockenheit klebrig, bei Regen schmierig. Das Fleisch ist gelblich; die leicht am Stiel herablaufenden Röhren sind normalerweise goldgelb, im Alter auch bräunlich oder oliv. Die rundlichen, ebenfalls goldgelben Poren laufen an Druckstellen bräunlich an; die spindelförmigen Sporen sind 7–11 × 3–4 µm groß, das Sporenpulver ist gelblich bis braun. Der zylindrisch Stiel ist 5–12 cm lang und 1–2,5 cm dick; besonders bei jungen Exemplaren ist normalerweise ein Ring oder zumindest eine Ringzone vorhanden.

Standort Die häufige Art kommt hauptsächlich in der Nähe von Lärchen vor; die Fruchtkörper erscheinen zwischen Juni und November.

Wert Essbar und wohlschmeckend.

Verwechslungsmöglichkeiten Der Goldröhrling kann mit dem manchmal Allergien verursachenden **Butterpilz** (*Suillus luteus*, S. 62) verwechselt werden, der allerdings einen dunkleren Hut besitzt und vorzugsweise unter Fichten wächst; der **Kuhröhrling** (*Suillus bovinus*, S. 56), der **Körnchenröhrling** (*Suillus granulatus*, S. 58) und der **Sandröhrling** (*Suillus variegatus*, S. 64) haben keinen Ring. Alle drei Arten sind essbar.

Goldröhrling, Goldgelber Lärchenröhrling

TIPP   Der Goldröhrling ist ein durchaus empfehlenswerter Speisepilz, den man gut in Mischpilzgerichten verwenden kann. Allerdings muss vor
der Zubereitung die schleimige Huthaut entfernt werden.

Suillus luteus ....

Synonym *Boletus luteus*

Merkmale Der zunächst halbkugelige, später flach gewölbte oder ausgebreitete, manchmal leicht gebuckelte Hut hat einen Durchmesser von
4–12 cm. Die schokoladen- oder dunkelbraune, leicht abziehbare Huthaut ist bei Feuchtigkeit zumeist mit einer dicken Schleimschicht be-

Röhrlinge

Butterpilz, Butterröhrling, Rotzling

deckt; das weißliche oder gelbe Fleisch hat einen etwas säuerlichem Geschmack. Die anfangs hellgelben, später auch olivfarbenen Röhren sind am Stiel angewachsen oder leicht herablaufend; die kleinen Poren haben die gleiche Färbung wie die Röhren. Die spindelförmigen Sporen sind 7–10 × 3–3,5 µm groß; das Sporenpulver ist bräunlich. Der zylindrische, 5–8 cm lange und 1–2,5 cm dicke Stiel besitzt einen anfangs weißlichen, später auch braunviolett gefärbten Ring.

Standort Die häufige Art kommt hauptsächlich in Nadelwäldern und dort besonders unter Kiefern vor; die Fruchtkörper erscheinen zwischen August und November.

Wert Ungiftig, kann aber Allergien verursachen.

Verwechslungsmöglichkeiten Möglich ist eine Verwechslung mit dem **Goldröhrling** (*S. grevillei*, S. 60), der allerdings einen gold- oder orangegelben Hut besitzt und unter Lärchen wächst oder mit dem Kuhröhrling (*S. bovinus*, S. 56), dem **Körnchenröhrling** (*Suillus granulatus*, S. 58) und dem **Sandröhrling** (*Suiltus variegatus*, S. 64), die jedoch alle keinen Ring haben. Alle drei Arten sind essbar.

INFO *Butterpilze sind eigentlich recht wohlschmeckend, können aber bei manchen Menschen nach häufigerem Verzehr eine relativ seltene Form der Allergie auslösen, die im schlimmsten Fall mit einem Zerfall der roten Blutkörperchen verbunden ist. Daher muss vor dem Genuss dieses Pilzes gewarnt werden.*

$\mathcal{S}$uillus variegatus............

Synonyme   Boletus aureus, Ixocomus variegatus

Merkmale   Der jung halbkugelige, später gewölbte oder ausgebreitete Hut hat einen Durchmesser von 6–15 cm und eine semmelfarbene bis
gelb- oder olivbraune Färbung. Die Huthaut, die so fest angewachsen ist,
dass man sie nicht abziehen kann, hat eine stark filzig geschuppte Oberfläche, so dass sie aussieht, als sei sie mit Sand bestreut. Das gelbliche
Fleisch läuft an Schnittstellen blau an, die Röhren sind olivgrün bis olivbraun, die kleinen, farblich sehr ähnlichen Poren verfärben sich an Druckstellen ebenfalls schwach blau. Die spindelförmigen Sporen haben eine
Größe von 8–10 × 3–4 µm; das Sporenpulver ist bräunlich. Der zylindrische, fein filzige, 5–10 cm lange und 2–4 cm dicke Stiel ist etwas heller
als der Hut.

Standort   Die häufige Art kommt in Nadelwäldern vor und dort besonders unter Kiefern, wobei höhere Lagen und saure Böden bevorzugt werden; die Fruchtkörper erscheinen zwischen Juli und November.

Wert   Essbar.

Verwechslungsmöglichkeiten   Aufgrund der typischen stark filzig
geschuppten, an Sandpapier erinnernden Huthaut ist der Sandröhrling
leicht von den meisten anderen Röhrlingen zu unterscheiden. Eine gewisse Ähnlichkeit besteht mit dem ebenfalls essbaren Kuhröhrling (Suillus bovinus, S. 56), der allerdings einen glatten Hut besitzt und dessen
Fleisch sich nicht blau verfärbt.

...Sandröhrling, Sandpilz

S

TIPP

Der Sandröhrling ist ein eher mittelmäßiger Speisepilz, von dem sich junge, feste Exemplare aber gut in Mischpilzgerichten verwenden lassen.

$\mathcal{S}$uillus viscidus......................

...Grauer Lärchenröhrling

Synonyme *Boletus viscidus, Suillus aeruginaceus, Suillus lacrinius*

Merkmale Der anfangs gewölbte, später ausgebreitete, graubraune bis graugrüne, manchmal auch oliv- oder rötlichgraue Hut hat einen Durchmesser von 4–13 cm; die leicht abziehbare Huthaut ist bei Trockenheit faserschuppig, bei Feuchtigkeit stark schmierig. Am Rand sind häufig noch Reste des Velums vorhanden, das bei jungen Pilzen Hut und Stiel miteinander verbindet; das anfangs feste, später oft auch weiche, weißliche bis grau oder blaugraue auch gelblich Fleisch riecht leicht obstartig. Die relativ langen Röhren sind anfangs weißlich, später auch grau oder graubraun; die eckigen und relativ großen Poren haben eine ähnliche Farbe. Die spindelförmigen Sporen sind 8–15 × 3–6 μm groß; das Sporenpulver ist bräunlich. Der zylindrische Stiel ist 5–8 cm lang und 1,5–2 cm dick und gelblich bis grau oder leicht bräunlich; es besitzt einen weißlichen, im Alter auch grauen oder bräunlichen Ring, der allerdings relativ dünn und vergänglich ist, so dass man ihn nicht immer gut erkennt. Unterhalb des Ringes sind manchmal unregelmäßige Grübchen vorhanden.

Standort Die kalkliebende Art findet man hauptsächlich unter Lärchen; die Fruchtkörper erscheinen zwischen Juli und Oktober.

Wert Es handelt sich um einen mittelmäßigen Speisepilz, der wegen seines oft schmierigen Hutes von vielen Sammlern verschmäht wird.

INFO *Eine Verwechslung mit anderen Arten der Gattung Suillus ist möglich, die aber alle – abgesehen vom Butterpilz, Suillus luteus, S. 62) – ebenfalls als Speisepilze verwendet werden können.*

Tylopilus felleus

Synonym *Boletus fellus*

Merkmale Der anfangs halbkugelige, später polsterförmige oder ausgebreitete, grau-, gelb-, rot- oder olivbraune Hut hat einen Durchmesser von 5–12 cm; die nicht abziehbare Huthaut ist samtig-filzig und bei Trockenheit manchmal zerrissen. Das stark bittere, normalerweise weißliche Fleisch kann unter der Huthaut auch bräunlich sein. Die anfangs weißen, später rosafarbenen Röhren treten im Alter oft unter dem Hutrand hervor; die winzigen Poren sind von gleicher Farbe wie die Röhren, Druckstellen verfärben sich zumeist bräunlich. Die spindelförmigen Sporen sind 11–15 × 4–5 μm groß; das Sporenpulver ist rosa. Der 5–15 cm lange und 2–5 cm dicke Stiel ist hellbraun mit einer bräunlichen Netzzeichnung.

Standort Die häufige Art kommt praktisch nur in Nadelwäldern vor, wo sie gern unter Kiefern und Fichten wächst; die Fruchtkörper erscheinen zwischen Juni und Oktober.

Wert Wegen des bitteren Geschmacks ungenießbar.

Verwechslungsmöglichkeiten Der Gallenröhrling ist der typische Doppelgänger der **Steinpilze** (*Boletus,* siehe S. 26 und 32). Diese haben allerdings ein helles Stielnetz auf braunem Grund, während das des Gallenröhrlings braun auf hellerem Grund ist. Weitere auffällige Merkmale sind dessen rosa gefärbte **Poren** (die der Steinpilze sind gelb oder oliv), und die bräunlich anlaufenden Druckstellen (bei Steinpilzen gibt es keine farbliche Veränderung).

...Gallenröhrling, Gallenpilz

TIPP

Der Gallenröhrling hat schon manches Pilzgericht ungenießbar gemacht. Achten sie daher beim Sammeln von Steinpilzen unbedingt auf Exemplare mit rosafarbenen Poren, und machen Sie im Zweifelsfall eine Geschmacksprobe (zum Testen reicht ein winziges Stück).

Xerocomus badius..........

Synonym *Boletus badius*

Merkmale Der anfangs halbkugelige, später gewölbte, schließlich flach ausgebreitete Hut hat einen Durchmesser von 5–15 cm; die schokoladen- oder dunkelbraune, manchmal fast schwarze Huthaut ist normaler-

Maronenröhrling, Braunhäuptchen

weise feinfilzig bis samtig, bei feuchtem Wetter oft auch etwas schmierig. Das weißliche bis blassgelbe Fleisch kann unter der Huthaut und im Stiel auch bräunlich sein und verfärbt sich an Schnittstellen normalerweise stark blau. Die Röhren sind jung cremefarben oder gelblich, später auch gelbgrün bis oliv; die Poren haben eine ähnliche Farbe und laufen an Druckstellen blaugrün an. Die spindelförmigen Sporen sind 11–15 × 4–5 µm groß; das Sporenpulver ist olivbraun. Der 5–12 cm lange und 2–5 cm dicke, anfangs bauchige, später lang gestreckte und zylindrische Stiel ist zumeist etwas heller als der Hut und stets ohne Netzzeichnung.

Standort Die häufige, in manchen Jahren massenhaft auftretende Art kommt hauptsächlich in Nadelwäldern vor; die Fruchtkörper erscheinen zwischen Juni und November.

Wert Ausgezeichneter Speisepilz, der jung dem Steinpilz in nichts nachsteht.

INFO *Der Maronenröhrling unterscheidet sich von Steinpilzen durch die starke Blaufärbung des Fleisches und der Röhren, aber auch durch das Fehlen eines Stielnetzes. Von den anderen, ebenfalls essbaren Arten der Gattung Xerocomus, etwa der* **Ziegenlippe** *(Xerocomus subtomentosus, S. 76) oder dem* **Rotfußröhrling** *(Xerocomus chrysenteron, S. 72) lässt er sich durch die Hut- und Stielfärbung abgrenzen.*

Xerocomus chrysenteron

Merkmale Der anfangs halbkugelige, später gewölbte bis ausgebreitete Hut hat einen Durchmesser von 3–8 cm; die Huthaut ist gelb- bis grau-, manchmal auch schwarzbraun und im Alter oft zerrissen, wobei das rötliche Hutfleisch durchschimmert. Das etwas säuerlich riechende Fleisch ist gelblich (unter der Huthaut auch rötlich) und läuft beim Durchschneiden leicht blau an. Die Röhren sind zunächst hellgelb, später dann gelbgrün; die ziemlich großen, eckigen Poren haben eine ähnliche Farbe, Druckstellen laufen grünlich oder blau an. Die spindelförmigen Sporen sind 12–15 × 5–6 µm groß; das Sporenpulver ist olivbraun. Der zylindrische, häufig ein wenig gebogene, an der Basis zumeist verjüngte Stiel ist 4–10 cm lang und 0,5–1,5 cm dick; er hat eine gelbe bis braungelbe Färbung und ist teilweise oder auf ganzer Länge rötlich überlaufen.

Standort Die in Laub- und Nadelwäldern vorkommende Art ist im Flachland häufiger als im Gebirge; die Fruchtkörper erscheinen zwischen Juli und November.

Wert Essbar.

Verwechslungsmöglichkeiten Der sehr ähnliche, ebenfalls genießbare, aber sehr viel seltenere Falsche **Rotfußröhrling** (*Xerocomus porosporus*) lässt sich nur anhand der Sporen sicher abgrenzen. Die essbare **Ziegenlippe** (*Xerocomus subtomentosus*, S. 76) kann ebenfalls einen rötlich überlaufenden Stiel haben, allerdings wird ihr Hut im Alter nicht rissig; außerdem hat sie normalerweise leuchtend gelbe Röhren und läuft weder an Druck- noch Schnittstellen blau an.

...Rotfußröhrling

Der Rotfußröhrling ist zwar essbar,
aber fast immer madig und im Alter
oft schwammig und dann nahezu
ungenießbar.

Xerocomus parasiticus

Röhrlinge

Schmarotzerröhrling

Merkmale Der anfangs fast kugelige, später ausgebreitete Hut hat einen Durchmesser von 2–6 cm; die Huthaut ist grau- oder olivgelb, manchmal auch braungelb mit einer feinfilzigen bis wildlederartigen Oberfläche und steht am Rand oft etwas über. Das Fleisch hat eine hellgelbe Farbe, kann im Stiel und unter den Röhren aber auch etwas kräftiger gefärbt sein und beim Durchschneiden manchmal leicht rötlich anlaufen. Die jung zitronengelben, später auch gold- bis braungelben Röhren laufen manchmal etwas am Stiel herab; die Poren haben eine ähnliche Farbe wie die Röhren. Die elliptischen Sporen sind 11–18 × 3–5 µm groß; das Sporenpulver ist olivbraun. Der zylindrische, an der Basis oft verjüngte und gebogene Stiel ist 3–5 cm lang, 1–2 cm dick und ocker- oder orangebraun gefärbt.

Standort Bei diesem Pilz handelt es sich um einen der seltenen Fälle, bei dem ein Großpilz auf einem anderen Großpilz parasitiert. Beim Wirt handelt es sich um den häufigen **Kartoffelbovisten** (*Scleroderma citrinum*, S. 274), dessen Fruchtkörper zwischen Juli und November in Laub- und Nadelwäldern gebildet werden.

Wert Der Schmarotzerröhrling ist zwar ungiftig (im Gegensatz zum giftigen Kartoffelbovisten), aber nicht sehr schmackhaft. Da die Pilze zudem nicht sehr weit verbreitet sind, sollte man sie unbedingt schonen.

INFO *Da der Schmarotzerröhrling stets gemeinsam mit seinem Wirt, dem Kartoffelbovisten auftritt, lässt er sich praktisch mit keinem anderen Pilz verwechseln.*

$\mathcal{X}$erocomus subtomentosus

Synonyme *Boletus communis, B. subtomentosus*

Merkmale Der anfangs halbkugelige, später flach gewölbte Hut hat einen Durchmesser von 5–10 cm. Die nicht abziehbare, olivgelbe bis olivbraune Huthaut, die im Alter auch stark verblasst sein kann, ist samtig bis filzig und nur selten eingerissen; das weiße bis gelbliche Fleisch läuft beim Durchschneiden nur sehr schwach blau an. Die Röhren haben normalerweise eine leuchtend gelbe Färbung, können bei alten Exemplaren aber manchmal auch grünlich aussehen; die ebenso wie die Röhren gefärbten Poren sind relativ groß und eckig, besonders in Stielnähe. Die spindelförmigen Sporen haben eine Größe von 12–14 × 4–6 µm; das Sporenpulver ist olivbraun. Der zylindrische, an der Basis zumeist etwas verjüngte Stiel ist 4–12 cm lang und 1–2 cm dick, gelblich, im mittleren und oberen Teil oft auch rötlich oder bräunlich gefärbt und in Hutnähe manchmal leicht körnig.

Standort Die häufige Art kommt in Laub- und Nadelwäldern vor; die Fruchtkörper erscheinen zwischen Juli und Oktober.

Wert Essbar.

Verwechslungsmöglichkeiten Die Art lässt sich höchsten mit dem ebenfalls essbaren **Rotfußröhrling** (*Xerocomus chrysenteron*, S. 72) und dem seltenen, aber ebenfalls genießbaren Falschen **Rotfußröhrling** (*X. porosporus*) verwechseln. Beide Arten unterscheiden sich von der Ziegenlippe vor allem durch eine rötlich aufgerissene Huthaut.

TIPP *Die Ziegenlippe ist jung ein durchaus empfehlenswerter Speisepilz. Ältere Exemplare sind allerdings häufig schwammig und vor allem so madig, das man sie nicht mehr verwenden kann.*

Röhrlinge

..Ziegenlippe

Agaricus arvensis

TIPP

Dieser gute Speisepilz ist sicher der schmack-
hafteste unter den Champignons. Leider lässt
er sich sehr leicht mit tödliche giftigen Arten
verwechseln, so dass man beim Sammeln aus-
gesprochen vorsichtig sein muss.

Lamellenpilze

Schafchampignon, Weißer Anisegerling

Merkmale Der jung kugelige, später flach gewölbte, oft etwas bucklige Hut hat einen Durchmesser von 5–15 cm und eine weiße Färbung, die bei Berührung normalerweise gelbfleckig wird. Die Huthaut ist seidig glänzend und manchmal mit feinen Flockenschuppen besetzt; das weiße Fleisch hat einen anisartigen Geruch. Die schmalen, gedrängt stehenden, freien Lamellen sind anfangs graurosa (aber niemals rein rosa), später dunkel- bis schwarzbraun; die ovalen Sporen haben eine Größe von 6–8 × 4,5–5,5 μm, das Sporenpulver ist braunschwarz. Der weiße, zylindrische, an der Basis manchmal verdickte und im Alter oft hohle Stiel ist 5–15 cm lang und 1–2 cm dick; der doppelte Ring hat an der Unterseite zumeist eine zahnradartige Struktur.

Standort Die häufige Art kommt auf gedüngten Wiesen, Viehweiden und in Parks, seltener im Nadelwald vor; die Fruchtkörper erscheinen zwischen Mai bis Oktober.

Wert Essbar und wohlschmeckend.

Verwechslungsmöglichkeiten Mit dem giftigen **Karbolchampignon** (*Agaricus xanthoderma*, S. 88), der aber unangenehm nach Phenol (Karbol) riecht, dessen Lamellen jung zumeist rein rosa sind und der sich bei Druck nicht zitronen-, sondern chromgelb verfärbt. Noch gefährlicher sind Verwechslungen mit hellen Exemplaren des tödlich giftigen **Grünen Knollenblätterpilzes** (*Amanita phalloides*, S. 96) und dem ebenfalls weiß gefärbten **Kegelhütigen Knollenblätterpilz** (*A. virosa*, S. 106). Beide unterscheiden sich durch die *Volva* an der Stielbasis.

Agaricus bisporus

Merkmale Der anfangs fast kugelige, später flach gewölbte und schließlich ausgebreitete Hut hat einen Durchmesser von 5–15 cm. Die Färbung kann stark variieren, wobei junge Exemplare zumeist weiß aussehen, während ältere auch braun geschuppt sein können. Der Rand ist lange eingerollt und zeigt häufig noch weißliche Reste des Velums; das Fleisch hat eine weiße Farbe, läuft beim Anschneiden aber schwach rötlich an. Die gedrängt stehenden, freien Lamellen sind zunächst fleischrosa, später dunkel- bis schwarzbraun; die rundlichen bis eiförmigen Sporen haben eine Größe von 6–8 × 5–5,5 µm, das Sporenpulver ist dunkelbraun. Der kurze, zylindrische Stiel ist 3–7 cm lang, 1–2 cm dick und weiß (an der Spitze oft auch rötlich); der ebenfalls weiße Ring lässt sich nach unten abziehen.

Standort Die häufige Art kommt in Parks oder Gärten und dort gern auf Komposthaufen oder in Frühbeeten und an anderen, gut gedüngten Standorten vor, außerdem wird dieser Champignon in großem Maßstab für den Handel kultiviert. An ihrem natürlichen Standort erscheinen die Pilze zwischen Mai und November.

Wert Essbar und wohlschmeckend, aber leicht mit giftigen Arten zu verwechseln.

Verwechslungsmöglichkeiten Mit dem giftigen **Karbolchampignon** (*Agaricus xanthoderma*, S. 88) und hellen Knollenblätterpilzen, etwa dem **Kegelhütigen Knollenblätterpilz** (*Amanita virosa*, S. 106), der ein tödliches Gift enthält. Einzelheiten siehe bei *Agaricus arvensis*, S. 78).

..Zweisporiger Champignon, Zuchtchampignon

A

TIPP

Es handelt sich um einen guten Speise-pilz, von dem es zahlreiche, verschie-dene Rassen gibt. Die Zuchtform wird von einigen Autoren auch als eigene Art (A. hortensis) geführt.

Lamellenpilze

Stadtchampignon, Scheidenegerling

Synonym *A. edulis, A. campestris var. edulis, A. rodmanii*

Merkmale Der anfangs halbkugelige, später ausgebreitete und in typischer Weise am Scheitel abgeflachte Hut hat einem Durchmesser von 3 bis 15 cm und eine weißliche, im Alter auch schmutziggelbe Färbung; der Rand ist relativ dick und lange eingerollt. Das weiße Fleisch läuft beim Anschneiden manchmal leicht rötlich an; die gedrängt stehenden, freien Lamellen sind zunächst rosa, dann dunkelbraun und an der Schneide oft weißflockig. Die rundlichen Sporen haben eine Größe von 4–6 × 4–5 µm; das Sporenpulver ist purpurbraun. Der kurze und an der Basis verjüngte Stiel ist 3–6 cm lang, 1–2 cm dick, weiß und doppelt beringt, wobei der untere Teil zumeist nur als kragenartige Zone ausgebildet ist.

Standort Die häufige Art ist manchmal auch in Städten zu finden, etwa in Parks, Gärten, auf Abfallhaufen, Schutthalden, Mülldeponien oder an Straßenrändern, wo die Pilze sogar den Asphalt aufbrechen oder Steine anheben können; die Fruchtkörper erscheinen zwischen Mai und Oktober.

Wert Essbar und wohlschmeckend.

Verwechslungsmöglichkeiten Mit dem giftigen **Karbolchampignon** (*Agaricus xanthoderma*, S. 88) und hellen Knollenblätterpilzen, etwa dem Kegelhütigen Knollenblätterpilz (*Amanita virosa*, S. 106), der ein tödliches Gift enthält (Einzelheiten siehe bei *Agaricus arvensis*, S. 78).

TIPP Es handelt sich um einen guten Speisepilz, der aber aufgrund seines Standortes oft umweltbelastet ist. Wie alle Champignons kann er leicht mit sehr giftigen Arten verwechselt werden, so dass man beim Sammeln sehr vorsichtig sein muss.

Agaricus campestris......

Merkmale Der anfangs halbkugelige, später flach gewölbte, schließlich ausgebreitete Hut, der einen Durchmesser von 4–12 cm hat, ist weiß, im Alter auch gelbbraun oder rötlich. Die leicht abziehbare Huthaut ist zumeist mit dunklen Schuppen besetzt und am Rand oft auffällig überstehend; das weiße Fleisch läuft beim Anschneiden schwach rötlich an. Die gedrängt stehenden, freien Lamellen sind zunächst rosa, später braun oder fast schwarz; die elliptischen Sporen haben eine Größe von 7–10 × 5–6 µm, das Sporenpulver ist dunkelbraun. Der weiße, zylindrische, an der Basis oft bräunliche Stiel ist 3–8 cm lang, 1–2 cm und besitzt einen weißen, einschichtigen, vergänglichen Ring.

Standort Die Art kommt oft massenhaft (besonders in trockenen Jahren) auf gedüngten Wiesen, Feldern oder Viehweiden vor, aber auch in Parks und Gärten; in Wäldern ist er selten. Die Fruchtkörper erscheinen zwischen Mai und November.

Wert Essbar und wohlschmeckend.

Verwechslungsmöglichkeiten Mit dem giftigen **Karbolchampignon** (Agaricus xanthoderma, S. 88) und hellen Knollenblätterpilzen, etwa dem **Kegelhütigen Knollenblätterpilz** (Amenita virosa, S. 106), der ein tödliches Gift enthält. S. auch Agaricus arvensis, S. 78).

TIPP *Der sehr ähnliche, aber giftige Karbolchampignon, der schwere Verdauungsstörungen hervorrufen kann, kommt ebenfalls auf gedüngten Wiesen und Weisen vor. Er lässt sich aber ganz gut daran erkennen, dass er unangenehm nach Tinte oder Phenol (ein früher unter der Bezeichnung Karbol häufig verwendetes Desinfektionsmittel) riecht und an Druckstellen sofort chromgelb anläuft.*

Lamellenpilze

Wiesenchampignon, Wiesenegerling

A

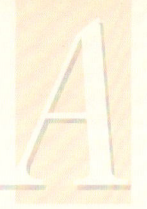

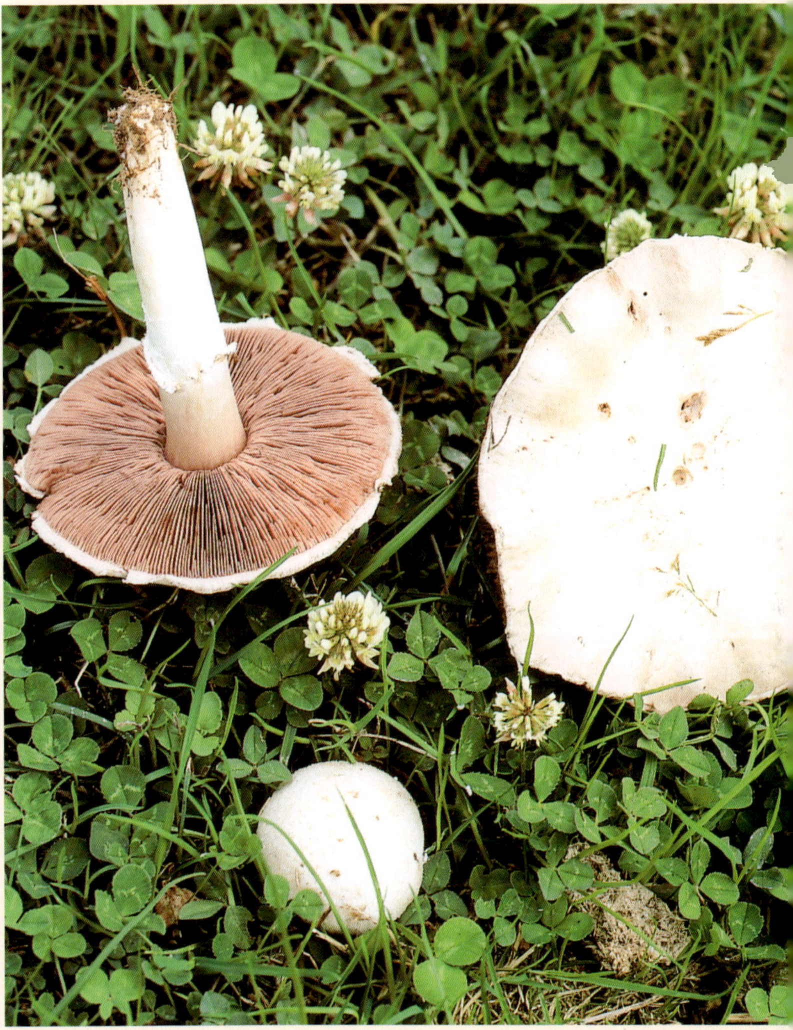

Agaricus silvaticus

Lamellenpilze

....Waldegerling

Merkmale Der jung glockig gewölbte, im Alter ausgebreitete und manchmal schwach gebuckelte Hut, der einen Durchmesser von 5–10 cm hat, ist anfangs ocker-, später zimtfarben und läuft an Druckstellen rot an. Auf der Huthaut sind dunkle, normalerweise braune Fasern und Schuppen vorhanden; das weiße, nach frischem Holz riechende Fleisch ist relativ dünn und läuft beim Anschneiden sofort blutrot an. Die gedrängt stehenden, freien Lamellen sind zunächst graurosa, später rötlich, braun oder fast schwarz; die elliptischen Sporen haben eine Größe von 5–6 × 3–4 µm, das Sporenpulver ist bräunlich. Der 7–10 cm lange und 1–1,5 cm dicke, zylindrische Stiel hat eine keulig verdickter Basis; er ist zumeist weiß, zeigt aber manchmal bräunliche Schuppen; Druckstellen verfärben sich normalerweise rot. Der Ring ist dünnhäutig, leicht vergänglich und nach oben abziehbar.

Standort Der ziemlich häufige Waldegerling kommt in Nadel- oder Mischwäldern vor, wobei er Kalkböden bevorzugt und außerdem gern unter Fichten wächst. Die Fruchtkörper erscheinen zwischen Juli und Oktober.

Wert Guter Speisepilz.

Verwechslungsmöglichkeiten Mit dem **Perlhuhnegerling** (A. praeclaresquamosus) oder dem Rebhuhnegerling (A. phaeolepidotus), die giftig, aber relativ selten sind. Beide verfärben sich beim Anschneiden nicht rot, sondern gelb (besonders an der Stielbasis).

INFO   *Weniger erfahrene Sammler müssen sich davor hüten, den Waldegerling mit ebenfalls rötenden Schirmpilzarten zu verwechseln, etwa dem tödlich giftigen Fleischbräunlichen Schirmling (Lepiota brunneoincarnata).*

Agaricus xanthoderma

Merkmale Der zunächst kegelförmige, dann ausgebreitete, im Scheitel von Anfang an abgeflachte Hut hat einen Durchmesser von 6–15 cm. Er ist weiß, in der Hutmitte manchmal auch bräunlich; Druckstellen verfärben sich sofort chromgelb. Die Huthaut ist zumeist glatt, kann an sonnigen Standorten aber auch mit feinen, grauen Schuppen bedeckt sei; das unangenehm riechende, normalerweise weiße Fleisch ist an der Stielbasis oft chromgelb. Die gedrängt stehenden, freien Lamellen sind relativ schmal, anfangs rosa, später dunkelbraun bis schwärzlich; die ovalen, glatten Sporen haben eine Größe von 5–6,5 × 3–4 µm, das Sporenpulver ist braun bis schwarz. Der zylindrische, 5–15 cm lange und 1–2 cm dicke, an der Basis oft knollig verdickte Stiel ist weiß mit einem doppelten, dauerhaften Ring, der nach oben abziehbar ist.

Standort Die häufige Art kommt vorzugsweise in Wäldern vor, aber auch auf gedüngten Wiesen, Weiden, in Parks, Gärten (nicht selten auf Komposthaufen) oder an Straßenrändern, wobei nährstoffreiche und kalkhaltige Böden bevorzugt werden; die Fruchtkörper erscheinen zwischen Mai und Oktober.

Wert Giftig. Der Pilz kann schwere Darmverstimmungen hervorrufen, auch wenn manche Menschen ihn ganz augenscheinlich problemlos vertragen.

TIPP *Der giftige Karbolchampignon hat große Ähnlichkeit mit essbaren Champignons, so dass man beim Sammeln dieser Pilze sehr vorsichtig sein muss. Den Karbolchampignon erkennt man vor allem an seinem unangenehmen Geruch nach Tinte oder Phenol (ein früher unter der Bezeichnung Karbol häufig verwendetes Desinfektionsmittel) und daran, dass er an Druckstellen sofort chromgelb anläuft.*

Lamellenpilze

Karbolchampignon, Tintenegerling

A

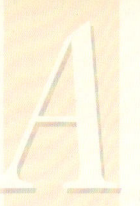

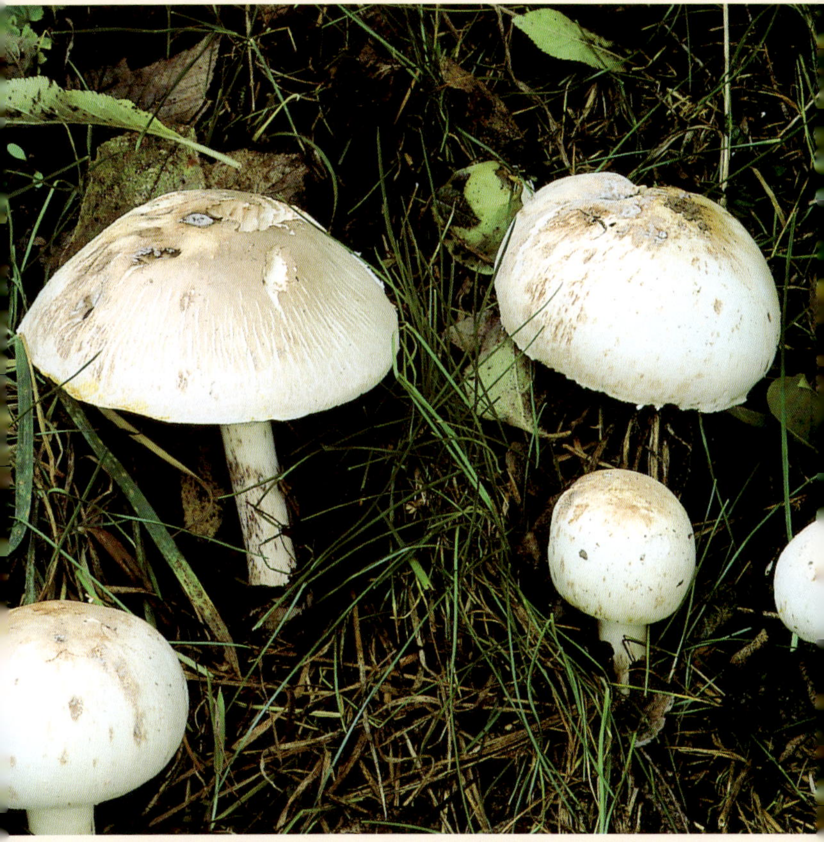

Amanita excelsa ....

Gedrungener Wulstling, Grauer Wulstling

Synonyme A. spissa, A. cinerea, Agaricus spissa

Merkmale Der anfangs halbkugelige, später flach gewölbte Hut hat einen Durchmesser von 7–15 cm; auf der graubraunen, oft auch leicht violett überlaufenden Huthaut sitzen manchmal noch weißliche oder graue Velumreste. Das weißliche Fleisch bekommt an Druckstelle häufig bräunliche Flecken; die gedrängt stehenden freien Lamellen sind weißlich, die rundlichen bis ovalen Sporen 9–10 × 6–8 μm groß und das Sporenpulver ist weiß. Der anfangs ebenfalls weißliche, später auch graubraune, 5–12 cm lange und 1–3 cm dicke Stiel ist zylindrisch; an der Basis sitzt eine zugespitzte Knolle, auf der normalerweise mehrere Schuppengürtel zu erkennen sind, wobei die Stielbasis ohne deutlichen Absatz in die Knolle übergeht. Der herabhängende, geriefte Ring hat ebenfalls eine weiße Färbung; die *Volva* ist bis auf wenige flockige Reste reduziert oder fehlt völlig.

Standort Die stellenweise häufige Art kommt in Laub- und Nadelwäldern vor; die Fruchtkörper erscheinen zwischen Juni und Oktober.

Wert Essbar, aber nicht sehr schmackhaft.

Verwechslungsmöglichkeiten Mit dem gefährlichen **Pantherpilz** (*Amanita pantherina*, S. 94), der aber eine etwas anders geformte Stielknolle, einen gerieften Hutrand und einen ungerieften Ring hat. Eine weitere, aber ungefährliche Verwechslungsmöglichkeit besteht mit dem essbaren Perlpilz (*A. rubescens*, S. 102).

TIPP *Die sichere Abgrenzung vom giftigen Pantherpilz setzt einige Erfahrung beim Bestimmen von Pilzen voraus. Daher sollte man, um Verwechslungen auszuschließen, auf den Verzehr dieser nicht besonders schmackhaften Art besser verzichten.*

Amanita muscaria

Synonyme *Agaricus muscaria, A. pseudo-aurantiacus*

Merkmale Der anfangs fast eiförmige, dann halbkugelige, im Alter flach ausgebreitete Hut hat einen Durchmesser von 5–20 cm. Er ist hell- bis dunkelrot, manchmal auch orangegelb, im Alter oft ausgebleicht; auf der Huthaut sitzen normalerweise weiße oder gelbliche Velumreste, die aber abgewaschen sein können. Das Fleisch ist weiß, unter der leicht abziehbaren Huthaut auch gelb bis orange; die bauchigen, weißen oder leicht gelblichen freien Lamellen stehen sehr gedrängt, außerdem sind Zwischenlamellen vorhanden. Die elliptischen Sporen sind 10–12 × 6–8 µm groß; das Sporenpulver ist weiß. Der weiße, zylindrische Stiel hat eine Länge von 10–25 cm und eine Dicke von 1–3 cm; seine Basis ist knollig verdickt, wobei am Übergang zur Knolle sind zwei deutliche Warzengürtel zu erkennen sind, außerdem ist ein weißer oder gelblicher Ring vorhanden.

Standort Die häufige Art kommt in Laub- und Nadelwäldern gern unter Birken oder Fichten vor; die Fruchtkörper erscheinen zwischen August und November.

Wert Giftig.

Verwechslungsmöglichkeiten Dieser bekannte Pilz lässt sich eigentlich nur mir dem essbaren und sehr begehrten Kaiserling (*A. caesarea*) verwechseln, wobei diese wärmeliebende Art in Deutschland aber nur an sehr wenigen Stellen vorkommt (etwa im Kaiserstuhl).

Fliegenpilz

INFO

Seinen Namen verdankt dieser Pilz der an-
geblichen Eigenschaft, in Milch aufgelöst als
Fliegengift zu wirken, was allerdings nicht
besonders gut funktioniert, weil die Insekten nur betäubt werden.

*A*manita pantherina....

Merkmale Der anfangs halbkugelige, später flach ausgebreitete Hut hat einen Durchmesser von 5–15 cm; seine sehr variable Färbung reicht von ockerfarben über grau- und gelbbraun bis olivbraun, in der Mitte ist

Lamellenpilze

Pantherpilz

er oft dunkler als am Rand. Auf der Huthaut sitzen weißliche oder graue Velumreste, die aber durch den Regen abgewaschen sein können; das weiße Fleisch hat einen rettichartigen Geruch, die gedrängt stehenden, freien, weißen Lamellen sind zumeist ungleich lang. Die elliptischen Sporen haben eine Größe von 8–11 × 7–8 μm; das Sporenpulver ist weiß. Der zylindrische, 5–15 cm lange und 0,5–1,5 cm dicke Stiel besitzt an der Basis eine wulstig gerandete Knolle, in die der Stiel eingepfropft zu sein scheint, sowie mehrere Gürtelzonen; außerdem ist ein weißer, weit unten angesetzter Ring vorhanden.

Standort   Die häufige Art kommt in Laub- und Nadelwäldern vor, vorzugsweise auf sauren Böden; die Fruchtkörper erscheinen zwischen Juli und Oktober.

Wert   Sehr giftig.

Verwechslungsmöglichkeiten   Es besteht eine große Ähnlichkeit mit dem essbaren Gedrungenen **Wulstling** (*Amanita excelsa*, S. 90). Dieser unterscheidet sich durch seinen gerieften Ring, den glatten Hutrand und seine etwas anders geformte Stielknolle. Verwechslungen sind auch mit dem essbaren **Perlpilz** (*A. rubescens*, S. 102) möglich, dessen Fleisch aber bei Verletzung rötlich anläuft.

INFO   *Die Symptome einer Vergiftung durch den Pantherpilz sind einem Alkoholrausch nicht unähnlich. In leichteren Fällen folgt dann meist ein langer Schlaf; bei schwereren Vergiftungen kommt es zu einer tiefen Bewusstlosigkeit, die mit Kreislaufversagen und Atemstillstand enden kann.*

Amanita phalloides......

Grüner Knollenblätterpilz, Giftgrünling

*A*manita phalloides........

Merkmale Der 5–15 cm große Hut ist anfangs halbkugelig, später glockig gewölbt oder flach ausgebreitet und manchmal auch etwas niedergedrückt; die Huthaut kann glatt, bei Feuchtigkeit aber auch etwas schmierig sein. Die sehr variable Färbung reicht von olivgrün über gelb, grau bis blaugrün; manche Exemplare sind aber auch weißlich. Das Fleisch hat eine weiße, unter der Huthaut manchmal auch gelbgrüne Farbe und ist jung geruchlos; später riecht es zumeist ein wenig süßlich oder gar nach Ammoniak. Die gedrängt stehenden, freien, weißen Lamellen sind bei alten Exemplaren manchmal auch grünlich; die Sporen haben eine Größe von 8–11 × 7–9 μm, das Sporenpulver ist weiß. Der 6–15 lange und 1–2 cm dicke, zylindrische Stiel besitzt eine knollige Basis, die in einer weißlichen, offen abstehenden, zumeist in mehrere Zipfel zerrissenen *Volva* steckt; außerdem ist ein weißlicher, herabhängender Ring vorhanden.

Standort Die häufige Art kommt in Laub- und Mischwäldern, aber auch Parks vor. Sie wächst gern unter Eichen, Rotbuchen oder Kastanien, seltener unter Nadelbäumen und erscheint zwischen Juli und November.

Wert Giftig. Die Art enthält ein tödlich wirkendes Gift namens Amanitin. Knollenblätterpilze — und ganz besonders der Grüne Knollenblätterpilz — sind für etwa 90 bis 95 Prozent aller tödlich verlaufenden Unfälle mit Giftpilzen verantwortlich, wobei die Sterblichkeitsrate nach einer Vergiftung trotz aller Behandlungsfortschritte immer noch bei etwa 50 Prozent liegt, so dass jeder Sammler diesen Pilz ganz genau kennen sollte. Die ersten Symptome einer Amanitinvergiftungen treten etwa 6–24 Stunden nach der verhängnisvollen Pilzmahlzeit auf. Vor allem handelt es sich dabei um kolikartige Bauchschmerzen mit anhaltenden Durchfällen und

Lamellenpilze

Grüner Knollenblätterpilz, Giftgrünling

häufigem Erbrechen sowie Blutdruckabfall. Jetzt muss unverzüglich ein Arzt aufgesucht werden, auch wenn anschließend zumeist eine trügerische Besserung des Befindens eintritt, denn dass Gift ist weiter wirksam und zerstört nach und nach die ganze Leber, so dass es ohne Behandlung nach vier bis sieben Tagen zu einem Leberversagen kommt.

Verwechslungsmöglichkeiten Vor allem heller gefärbte Exemplare lassen leicht mit den schmackhaften **Champignons** verwechseln. Diese haben ebenfalls einen Ring, aber ihnen fehlt die *Volva* an der Stielbasis. Eine gewisse Ähnlichkeit besteht außerdem mit dem essbaren **Grünling** (*Tricholoma equestre*, Seite 210), der allerdings gelbe und niemals weiße Lamellen besitzt. Unter den essbaren **Täublingen** (*Russula*), gibt es ebenfalls einige grün gefärbte Arten, etwa den **Grasgrünen Täubling** (*R. aeruginea*, Seite 194), die allerdings weder Ring noch Knolle besitzen. Ringlos sind auch grün gefärbte **Milchlinge** (*Lactaria*, S. 162–173), außerdem tritt bei ihnen nach einer Verletzung ein weißer Milchsaft aus. Das Fehlen des Ringes ist allerdings nicht immer ein sicheres Merkmal, da dieser bei Knollenblätterpilzen manchmal abgefallen ist.

TIPP *Die leider immer noch sehr häufig tödlich verlaufenden Amanitinvergiftungen werden, außer vom Grünen Knollenblätterpilz auch noch durch den Kegelhütigen Knollenblätterpilz (Amanita virosa, S. 106), kleine Schirmlinge, z. B. den Kastanienbraunen Schirmling (Lepiota castanea, S. 174) sowie einige Häublinge, z. B. den Nadelholzhäubling (Galerina marginata, S. 140) verursacht.*

Amanita porphyria

Merkmale Der anfangs glockige, später flach gewölbte, manchmal gebuckelte Hut hat einen Durchmesser von 4–8 cm. Er ist graubraun oder auch leicht violett überlaufen; auf der Huthaut sitzen häufig dünne graue Velumreste. Das Fleisch ist weißlich, unter der Huthaut auch violett und riecht auffällig nach rohen Kartoffeln oder Rettich. Die freien, gedrängt stehenden Lamellen sind weißlich, können im Alter aber etwas nachgedunkelt sein; die rundlichen Sporen haben eine Größe von 8–10 μm, das Sporenpulver ist weiß. Der zylindrische, 6–10 cm lange und 0,5–2 cm dicke, im Alter oft hohle Stiel hat an der Basis eine rundliche Knolle, an der normalerweise noch graue Volvareste hängen und die mit einem Wulst vom Stiel abgesetzt ist. Die Farbe ähnelt der des Hutes, kann aber auch weißlich sein, ebenso wie der hängende, vergängliche Ring, der am Rand manchmal auch grau verfärbt ist.

Standort Die Art kommt in Nadelwäldern vor. Auf sauren Böden ist sie stellenweise häufig, sonst selten, auf Kalk findet man sie normalerweise nicht. Die Fruchtkörper erscheinen zwischen Juli und Oktober.

Wert Giftig.

Verwechslungsmöglichkeiten Es kann leicht zu Verwechslungen mit dem **Gedrungenen Wulstling** (*Amanita excelsa*, S. 90) und dem **Perlpilz** (*A. rubescens*, S. 102) kommen, die beide essbar sind.

INFO *Diese Art enthält nicht das tödlich giftige Amanitin anderer Wulstlinge, sondern ein Gift namens Bufotenin, das die Blutgefäße verengt, den Herzschlag erhöht und Verdauungsstörungen verursacht.*

Lamellenpilze

Porphyrbrauner Wulstling

A

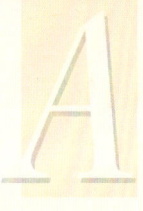

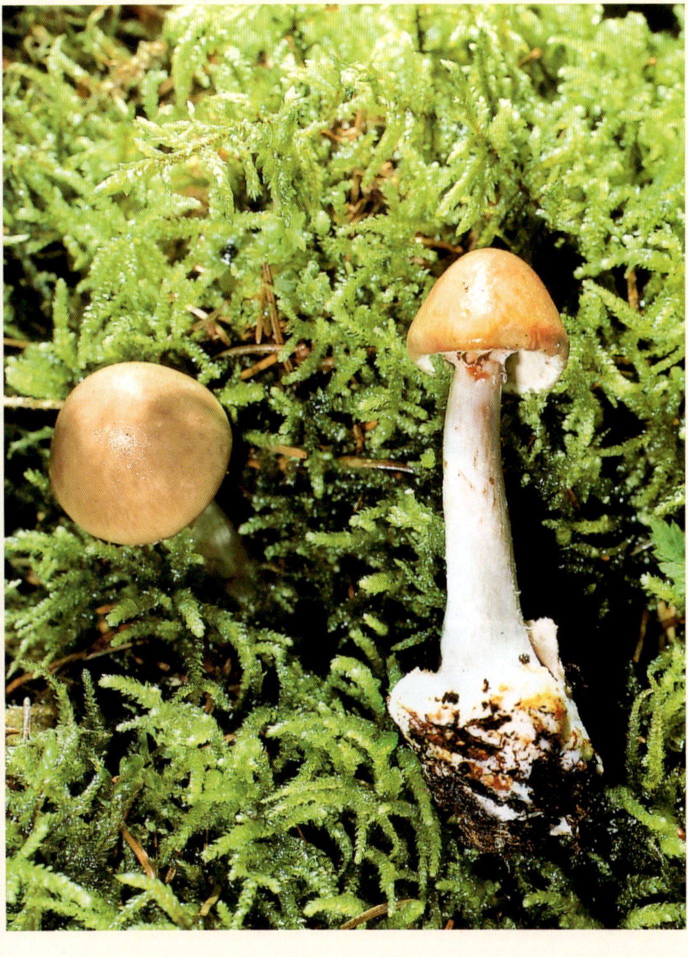

Amanita rubescens

Synonyme   *Amanita rubescens*

Merkmale   Der anfangs halbkugelige, später gewölbte, alt flach ausgebreitete Hut hat einen Durchmesser von 5–15 cm. Er ist fleischfarben bis
rötlichbraun, seltener auch gelbgrün und zeigt im Alter oft weinrote Flecken; auf der leicht abziehbaren Huthaut sind zumeist graue bis fleischfarbene Velumresten vorhanden. Das weiße Fleisch läuft an Schnittstel-

...*Perlpilz,*
Rötender Wulstling

len weinrot an (dauert manchmal einige Zeit); die gedrängt stehenden freien Lamellen sind weißlich, können im Alter aber auch rötliche Flecken haben. Die elliptischen Sporen sind 7–9 × 5–7 µm groß, das Sporenpulver ist weiß; der 6–20 cm lange und 1–3,5 cm dicke Stiel ist zylindrisch und an der Basis keulig bis knollig verdickt mit mehr oder weniger deutlichen Warzengürteln. Er hat zunächst eine weiße, später auch rötliche oder rotbraune Färbung; der weiße, manchmal auch gelbliche, herabhängende Ring ist oft abgefallen.

Standort Die häufige Art kommt zwischen Juni und Oktober in Laub- und Nadelwäldern vor.

Wert Essbar, aber nicht sehr wohlschmeckend.

Verwechslungsmöglichkeiten Mit dem giftigen **Pantherpilz** (*Amanita pantherina*, S. 94), von dem er sich durch den deutlich gerieften Ring, den glatten Hutrand, die Hutfärbung und die unterschiedliche Stielbasis abgrenzen lässt. Ähnlich ist auch der essbare **Gedrungene Wulstling** (*A. excelsa*, S. 90), der sich durch die Färbung, das nicht rötende Fleisch und die Stielknolle unterscheidet.

TIPP *Der Perlpilz kann roh verzehrt für empfindliche Menschen unbekömmlich sein, so dass man ihn auf jeden Fall gut kochen sollte. Da er kein besonders wohlschmeckender Speisepilz ist und sich zudem noch leicht mit dem giftigen Pantherpilz verwechseln lässt, sollten unerfahrene Sammler auf ihn verzichten.*

Amanita vaginata

Merkmale Der anfangs kegelförmige bis glockige, später flach ausgebreitete und zumeist mit einem kleinen Buckel versehende Hut hat einen Durchmesser von 3–10 cm. Die sehr variable Färbung reicht von weißlich über grau, gelb, grün, rötlich bis braun; auf der Huthaut findet man manchmal Reste des Velums, der Hutrand ist auffällig gerieft bis rippig. Das weiße Fleisch wirkt weich und brüchig, die gedrängten, freien Lamellen sind weiß und an den Schneiden flaumig bewimpert. Die kugeligen Sporen haben eine Größe von 8–12 µm; das Sporenpulver ist weiß. Der im Alter oft hohle Stiel ist 6–15 cm lang und 0,5–1,5 cm dick, zylindrisch und an der Spitze leicht verjüngt. Seine Farbe ähnelt der des Hutes; Ring und Knolle sind nicht vorhanden, aber eine *Volva*, die weit am Stiel hinaufreichen kann.

Standort Die Art kommt in Laub- und Nadelwäldern vor, wo sie stellenweise häufig auftritt; die Fruchtkörper erscheinen zwischen August und Oktober.

Wert Gilt gekocht als essbar, ist aber geschmacklich ohne jeden Reiz.

Verwechslungsmöglichkeiten Wegen der variablen Färbung sind Verwechslungen mit stark giftigen Wulstlingen möglich, etwa mit dem lebensgefährlichen **Grünen Knollenblätterpilz** (*Amanita phalloides*, S. 98) oder mit dem ebenfalls giftigen **Pantherpilz** (*Amanita pantherina*, S. 94).

...*Grauer Scheidenstreifling*

A

TIPP Wegen seiner Ähnlichkeit mit giftigen Arten aus der Gattung Amanita sollte man auf den Verzehr dieses geschmacklich unbedeutenden Pilzes unbedingt verzichten.

$\mathcal{A}$manita virosa

Merkmale Der anfangs eiförmige, dann kegelförmige bis glockige, später ausgebreitete Hut hat einen Durchmesser von 4–10 cm. Er wirkt

...Kegelhütiger
Knollenblätterpilz

normalerweise auffällig dünnfleischig; seine Färbung ist weiß, in der Mitte manchmal auch ocker oder bräunlich. Die leicht abziehbare Huthaut kann bei Feuchtigkeit etwas schmierig sein; Velumreste sind normalerweise nicht vorhanden. Das weiße Fleisch riecht ein wenig muffig; neben den ebenfalls weißen, gedrängt stehenden, freien Lamellen sind häufig Zwischenlamellen zu erkennen. Die kugeligen Sporen haben eine Größe von 8–10 µm; das Sporenpulver ist weiß. Der weiße, im Alter oft hohle Stiel ist 8–15 cm lang und 0,5–1,5 cm dick, zylindrisch, und auffallend schlank; die knollige Basis hat eine weiße, zumeist eng anliegende sackförmige *Volva*. Außerdem ist ein ebenfalls weißer, häutiger Ring vorhanden, der aber oft zerrissen oder herabgefallen ist.

Standort Die nicht allzu häufige Art kommt vorzugsweise in feuchten Nadelwäldern, aber auch in Mooren vor, wobei saure Böden bevorzugt werden; die Fruchtkörper erscheinen zwischen Juni und Oktober.

Wert Tödlich giftig und ebenso gefährlich wie der Grüne Knollenblätterpilz.

Verwechslungsmöglichkeiten Mit dem essbaren **Schafchampignon** (*Agaricus arvensis*, S. 78) oder anderen Champignons, die aber, zumindest bei der Reife, keine weißen Lamellen haben.

TIPP *Überprüfen Sie alle weißen Lamellenpilze unbedingt auf das Vorhandensein einer Volva (die Stielbasis muss vorsichtig ausgegraben werden), damit sie diesen gefährlichen Giftpilz auf keinen Fall mit einem Champignon verwechseln.*

Armillaria mellea..............

..Hallimasch, Honigringling, Stubbling

Armillaria mellea

Merkmale Der anfangs kugelige, später gewölbte, schließlich mehr oder weniger flach ausgebreitete Hut hat zumeist einen kleinen Buckel und einen Durchmesser von 4–12 cm. Er ist honiggelb bis dunkelbraun, manchmal auch graugrün oder rotbraun; auf der Huthaut sitzen feine braune oder schwärzliche Schuppen, die in der Hutmitte oft dichter angeordnet sind, so dass dort eine dunklere Färbung entstehen kann; der Rand ist lange eingebogen, im Alter manchmal auch gerieft. Das weiße Fleisch ist im Hut zart, im Stiel dagegen faserig und zäh. Die entfernt stehenden, herablaufenden, dünnen Lamellen sind weißlich, gelb oder bräunlich, im Alter oft auch dunkel gefleckt oder durch die Sporen mehlig bestäubt. Die eiförmigen Sporen haben eine Größe von 7–10 × 5–6 µm; das Sporenpulver ist weiß. Der zylindrische 5–18 cm lange und 1–2,5 cm dicke Stiel kann an der Basis etwas verdickt und gebogen sein; er ist zunächst voll, später zumeist hohl und besitzt einen häutigen, weißlichen, oberseits gerieften, unterseits flockigen Ring. Die Farbe der Stielhaut ist gelblich oder bräunlich, unterhalb des Ringes auch weißflockig und an der Basis zumeist oliv oder fast schwärzlich.

TIPP *Der Hallimasch gilt roh als leicht giftig, ist gekocht aber essbar. Normalerweise reicht es, die Pilze sorgfältig abzubrühen (Wasser wegschütten), wer sicher gehen will, sollte sie etwa 20 Minuten lang abkochen. Es gibt allerdings Menschen, die diesen Pilz auch dann noch nicht vertragen, so dass eine gewisse Vorsicht beim Verzehr dieser Art anzuraten ist. Da die Stiele sehr zäh sind, sollte man sie bei der Zubereitung nicht mitverwenden.*

Lamellenpilze

Hallimasch, Honigringling, Stubbling

Standort Die häufige Art, die büschelig auf Laub- und Nadelhölzern wächst, tritt in manchen Jahren sogar massenhaft auf; die Fruchtkörper erscheinen zwischen September und November. Der Hallimasch ist ein gefürchteter Holzschädling, der beträchtliche Forstschäden verursachen kann; Teile seines Myzels leuchten manchmal im Dunkel des durchwucherten Holzes (Biolumineszenz). Die Abgrenzung der Arten innerhalb der Gattung Armillaria ist uneinheitlich. Nach Ansicht einiger Autoren lassen sich von der „Sammelart" *A. mellea* weitere, allerdings sehr ähnliche Kleinarten abgrenzen, z. B. *A. ostoyae*. Die Unterschiede sind jedoch so gering, dass hier auf eine weitere Unterteilung verzichtet wurde.

Wert Gekocht essbar (siehe Tipp).

Verwechslungsmöglichkeiten Mit anderen, büschelig auf Holz wachsenden Arten. Besonders gefährlich ist eine Verwechslung mit dem tödlich giftigen **Nadelholzhäubling** (*Galerina marginata*, S. 140). Dieser unterscheidet sich durch den bernsteinfarbenen bis rötlichbraunen schuppenlosen Hut und den gerieften Rand; außerdem kommt er fast ausschließlich auf Nadelholz vor, und er riecht nach Mehl. Der ungenießbare **Sparrige Schüppling** (*Pholiota squarrosa*) hat gröbere und abstehendere Schuppen an Hut und Stiel und braunes Sporenpulver. Das essbare **Stockschwämmchen** (*Kuehneromyces mutabilis*, S. 158) besitzt zwar ebenfalls einen schuppenlosen Hut, der aber honiggelb bis zimtbraun ist; dem gekocht essbaren **Samtfußrübling** (*Flammulina velutipes*, S. 138) fehlt die Manschette, außerdem wächst er zwischen September und April („Winterpilz").

Calocybe gambosa

Synonym Tricholoma georgii

Merkmale Der anfangs kegel- oder glockenförmige, später ausgebreitete und gebuckelte Hut hat einen Durchmesser von 3–10 cm und eine weiße, cremefarbene, graue, oder gelbliche Färbung. Die Huthaut kann gefleckt oder eingerissen sein; das weiße Fleisch ist fest und saftig mit einem mehlartigen Geruch. Die gedrängt stehenden, herablaufenden Lamellen sind anfangs weiß, später auch cremefarben; die elliptischen Sporen haben eine Größe von 5–6 × 3–4 µm, das Sporenpulver ist weiß. Der zylindrische, an der Basis oft leicht knollig verdickte Stiel hat eine Länge von 4–9 cm und eine Dicke von 1,5–4 cm; er ist weiß, an der Basis manchmal auch ockerfarben, rötlich oder leicht bräunlich.

Standort Die häufige Art kommt zwischen Gras in Laubwäldern, Parks und Gärten vor, aber auch an Weg- und Waldrändern oder auf Wiesen und Weiden; die Fruchtkörper erscheinen zwischen April bis Juni.

Wert Guter Speisepilz, den Anfänger aber meiden sollten, da er leicht mit Giftpilzen verwechselt werden kann.

INFO *Der eigentlich schmackhafte Maipilz lässt sich leider sehr leicht mit dem giftigen **Feldtrichterling** (Clitocybe delbata, S. 118) verwechseln, der ebenfalls nach Mehl riecht, aber normalerweise (jedoch nicht immer!) später im Jahr wächst. Eine sichere Unterscheidung der beiden Arten ist nur anhand der Sporen möglich. Ähnliches gilt auch für andere weiße Trichterlinge, von denen viele giftig oder giftverdächtig sind. Ein weiterer Doppelgänger ist der ebenfalls giftige **Mairisspilz** (Inocybe erubescens, S. 156), der etwa zur gleichen Zeit wächst wie der Maipilz. Sein Fleisch läuft aber rot an, und er riecht nicht nach Mehl.*

Cantharellus cibarus

Lamellenpilze

...Pfifferling, Eierschwamm, Dotterpilz

Merkmale Der anfangs gewölbte, später ausgebreitete oder trichter-artig vertiefte Hut hat einen Durchmesser von 2–8 cm. Er ist hell- bis dot-tergelb, kann aber auch stark ausgebleicht sein; der lange eingerollte Rand ist wellig, bei älteren Exemplaren auch unregelmäßig gelappt oder tief eingebuchtet. Das Fleisch hat eine weißliche, unter der Huthaut auch gelbliche Färbung; der Geruch ist pfirsich- oder aprikosenartig. Die rela-tiv dicken und weit am Stiel herablaufend Leisten (bei Pfifferlingen spricht man nicht von Lamellen) sind mehrfach gegabelt und quer verbunden; ihre Farbe entspricht der des Hutes. Die elliptischen Sporen haben eine Größe von 7–10 × 4–6 µm; das Sporenpulver ist blassgelb. Der ebenfalls gelbe, kräftige Stiel ist 3–6 cm lang und 1–2 cm dick und zur Basis hin deutlich verjüngt, während er an der Spitze allmählich in den Hut über-geht.

Standort Die Art kommt in Laub- und Nadelwäldern vor; die Frucht-körper erscheinen zwischen Juni und Oktober.

Wert Einer der bekanntesten und beliebtesten Speisepilze, den man-che Menschen allerdings nicht besonders gut vertragen.

Verwechslungsmöglichkeiten Mit dem **Falschen Pfifferling** (*Hygro-phoropsis aurantiaca*, S. 146), der ebenfalls essbar ist, wenn auch nicht so schmackhaft wie der echte Pfifferling. Er unterscheidet sich vor allen Dingen durch kräftigere Orangefärbung sowie den fehlenden fruchtigen Geruch.

TIPP Das Vorkommen des Pfifferlings ist in den letzten Jahren vielerorts deutlich zurückgegangen, so dass die Art inzwi-schen eingeschränkt geschützt ist, also nur noch in kleinen Mengen für den Eigenbedarf gesammelt werden darf.

Cantharellus tubaeformis

Synonyme Cantharellus infundibuliformis, Helvella tubaeformis

Merkmale Der trompeten- bis unregelmäßig trichterförmige Hut hat einen Durchmesser von 2–6 cm; er ist gelb- oder dunkel- bis schwarzbraun, manchmal auch graugelb und bei älteren Exemplaren oft bis in den hohlen Stiel durchbohrt. Die Huthaut ist faserig bis leicht schuppig, der Rand zumeist umgeschlagen und lappig oder wellig; das sehr dünne, manchmal etwas zähe Fleisch hat eine weiße oder gelbliche Färbung. Die am Stiel herablaufenden, gegabelten oder vernetzten Leisten sind relativ flach und dick; ihre Färbung ist graugelb, manchmal auch leicht violett. Die rundlichen bis eiförmigen Sporen sind 8–11 × 7–9 µm groß; das Sporenpulver ist weiß bis leicht gelblich. Der zylindrische oder breitgedrückte und hohle Stiel hat eine Länge von 3–7 cm und eine Dicke von 0,4–0,7 cm; er ist normalerweise etwas heller gefärbt als der Hut, kann aber auch grau- bis orangegelb sein.

Standort Die seltene, inzwischen eingeschränkt geschützte Art kommt in feuchten Laub- und Nadelwäldern vor, oft zwischen Moos; die Fruchtkörper erscheinen zwischen August und Oktober (manchmal bis zum ersten Frost).

Wert Essbar, aber wegen seines dünnen Fleisches nicht sehr ergiebig.

Verwechslungsmöglichkeiten Es besteht eine gewisse Ähnlichkeit mit dem ebenfalls essbaren **Starkriechenden Pfifferling** (*C. xanthopus*), der aber fleischrosa Leisten besitzt und dessen Hut kaum eingerollt ist.

...Trompetenpfifferling

INFO

Pfifferlinge gehören nicht zu den Blätterpilzen in engerem Sinne, so dass man die Fruchtschicht tragenden Strukturen auf der Unterseite nicht Lamellen, sondern Leisten nennt.

Clitocybe delbata............

INFO

Der Feldtrichterling enthält ein Nervengift namens Muscarin, so dass die typischen Symptome, also kalter Schweiß, Übelkeit, Pupillenverengung, Sehstörungen, niedriger Blutdruck, langsamer Puls, Atemnot, Bauchkoliken und Erbrechen, zumeist schon sehr schnell nach dem Genuss der Pilze auftreten (wenige Minuten bis höchstens zwei Stunden).

Lamellenpilze

Feldtrichterling, Weißer Gifttrichterling

Merkmale Der anfangs gewölbte oder flache, im Alter fast trichterförmige Hut hat einen Durchmesser von 2–5 cm. Bei jungen Exemplaren ist der Rand eingerollt, bei älteren wellenförmig oder eingekerbt; die oft rissige Huthaut ist weiß, zeigt aber manchmal orangefarbene Flecken. Das weiße Fleisch ist im Hut sehr dünn und hat einen mehlartigen Geruch; die etwas herablaufenden, gedrängt stehenden Lamellen sind anfangs ebenfalls weiß, später oft auch gelblich. Die runden bis ovalen Sporen haben eine Größe von 4–6 × 2–3 µm; das Sporenpulver ist weiß. Der zylindrische, 2–4 cm lange und 0,5–0,6 cm dicke Stiel ist weiß, im Alter manchmal auch ocker- oder rosafarben.

Standort Die häufige Art kommt auf Wiesen, Äckern, aber auch an Wegrändern oder in Parks vor; die Fruchtkörper erscheinen zwischen Juli und November.

Wert Giftig.

Verwechslungsmöglichkeiten Mit dem essbaren **Mehlräsling** (*Clitopilus prunulus*, S. 122), der ebenfalls nach Mehl riecht. Ältere Exemplare dieser Art haben zwar fleischrosa Lamellen, während die von jungen Pilzen ebenfalls oft weiß sind, so dass eine sichere Unterscheidung nicht leicht ist. Schwierig kann auch die Abgrenzung von anderen kleinen weißen Trichterlingen sein, von denen viele ebenfalls giftig oder zumindest giftverdächtig sind.

Clitocybe geotropha

Merkmale Der Hut, der einen Durchmesser von 5–25 cm hat, ist anfangs gewölbt, wird aber schon bald trichterförmig und spitzbucklig. Die Färbung ist zunächst weißlich bis ocker- oder fleischfarben, später dann braungelb bis lederfarben; alte Exemplare sind oft ausgebleicht. Der Rand ist lange eingerollt, später eher aufgebogen; das weiße Fleisch hat einen süßlichen, parfümartigen Geruch. Die entfernt stehenden, weißen bis cremefarben Lamellen sind deutlich am Stiel herablaufend und mit kürzeren Lamellen untermischt. Die rundlichen Sporen haben eine Größe von 6–8 × 5–6 μm; das Sporenpulver ist weiß. Der zylindrische oder etwas keulig verdickte Stiel hat eine Länge von 8–15 cm und eine Dicke von 1–3 cm; die Farbe ähnelt der des Hutes.

Standort Die häufige, oft in Ringen wachsende Art kommt in Laub- und Nadelwäldern vor und dort besonders gern auf kalkhaltigen Böden; die Fruchtkörper erscheinen zwischen September und November.

Wert Jung essbar, aber nur von durchschnittlicher Qualität, im Alter häufig zäh.

Verwechslungsmöglichkeiten Zur Gattung Clitocybe gehören ungefähr 100 Arten, von denen einige Muscarin enthalten und daher stark giftig sind, etwa der **Wachsstielige Trichterling** (*Clitocybe candidans*) oder der **Bleiweiße Trichterling** (*C. phyllophila*).

Mönchskopf, Falber Riesentrichterling

TIPP

Die zahlreichen Trichterlinge (Gattung Clitocybe) sind nur sehr schwer voneinander abzugrenzen. Und da es unter ihnen stark giftige Art gibt, kann der Verzehr nur sehr erfahrenen Sammlern empfohlen werden.

Clitopilus prunulus.....

TIPP

Der Mehlräsling ist ein guter Speisepilz, der sich aber leider sehr leicht mit giftigen Arten verwechseln lässt. Daher kann sein Verzehr nur sehr erfahrenen Pilzsammlern empfohlen werden.

Lamellenpilze

Mehlräsling, Mehlpilz, Pflaumenpilz

Merkmale Der anfangs gewölbte, später unregelmäßig trichterförmige, weiße bis graue Hut hat einen Durchmesser von 3–12 cm. Das weiße, nach Mehl riechende Fleisch ist mürbe und brüchig; die gedrängt stehenden Lamellen, die weit am Stiel herablaufen, sind anfangs weiß, später rosa oder leicht gelblich. Die spindelförmigen, mit Längsrippen überzogenen Sporen haben eine Größe von 10–12 × 5–6 μm; das Sporenpulver ist rosa. Der Stiel hat eine Länge von 2–5 cm und eine Dicke von 1–2 cm; er ist zylindrisch und geht allmählich in den Hut über. Die Färbung ist weiß; in Hutnähe kann der Stiel mehlig bestäubt sein und an der Basis weißfilzig.

Standort Die relativ häufige Art kommt in lichten Laub- und Nadelwäldern vor, aber auch auf Wiesen, in Parks und an Wegrändern; die Fruchtkörper erscheinen zwischen Juli und Oktober.

Wert Essbar und wohlschmeckend.

Verwechslungsmöglichkeiten Diese Art kann sehr leicht mit dem giftigen **Feldtrichterling** (*Clitocybe delbata*, S. 118) verwechselt werden, der ebenfalls nach Mehl riecht, etwa zur gleichen Zeit wächst und sich nur anhand der Sporen sicher unterscheiden lässt. Ein weiterer, gefährlicher Doppelgänger ist der giftige Mairisspilz (*Inocybe erubescens*, S. 156), dessen Fleisch aber rot anläuft, der nicht nach Mehl riecht und zumeist früher erscheint. Schwierig ist außerdem die Abgrenzung von anderen weißen Trichterlingen, von denen viele ebenfalls giftig oder zumindest giftverdächtig sind.

Coprinus atramentarius

Merkmale Der anfangs eiförmige, später glockige, an der Spitze häufig abgestumpfte, grauweiße bis graubraune Hut kann eine Länge von bis zu 10 cm erreichen; die Huthaut ist oft mit feinen Schuppen bedeckt, der Rand gerieft bis gerippt. Das weiße Fleisch zerfließt im Alter schwarz; die sehr gedrängt stehenden, freien Lamellen sind anfangs weißlich, später braun und im Alter schwarz zerfließend. Die elliptischen Sporen haben eine Größe von $8–12 \times 4,5–6$ µm; die Sporenflüssigkeit ist schwarz. Der zylindrische, im Alter oft hohle, weiße Stiel ist 8–15 cm lang und 1–1,5 cm dick; an der Basis finden sich oft noch ringartige Hüllreste.

Standort Die häufige Art kommt in Laubwäldern, Parks und Gärten vor, aber auch an Wegrändern oder auf Wiesen; die Fruchtkörper erscheinen zwischen Mai und November.

Wert Essbar, darf aber nicht in Verbindung mit Alkohol verzehrt werden.

Verwechslungsmöglichkeiten Die Art kann mit dem ebenfalls essbaren **Schopftintling** (Coprinus comatus, S. 126) verwechselt werden, der an ähnlichen Standorten vorkommt, sich aber durch den beringten Stiel und den schuppigen Hut unterscheidet. Eine gewisse Ähnlichkeit hat auch der in Verbindung mit Alkohol ebenfalls giftige, aber seltenere **Fuchsräude-Tintling** (Coprinus alopecia), der allerdings zumeist auf Holz wächst.

TIPP Bei diesem Tintling ist zu beachten, dass vor oder nach der Pilzmahlzeit kein Alkohol getrunken wird, weil es sonst zu starken Hautrötungen und Schweißausbrüchen oder sogar zu Schwindelanfällen, Atemnot, Angstzuständen, Herzrhythmusstörungen und einem Absinken des Blutdrucks bis hin zum Kollaps kommen kann.

Faltentintling, Grauer Tintling

Coprinus comatus

TIPP

Die Art lässt sich gut auf Kompost kultivieren. Die Ansätze müssen häufig kontrolliert werden, weil ältere Fruchtkörper zu einer tintenartigen Masse zerfließen und dann nicht mehr verwertet werden können.

Lamellenpilze

Schopftintling, Spargelpilz

Synonyme *Agaricus porcellanus, A. thyphoides*

Merkmale Der Hut ist 5–10 cm hoch und 2–5 cm breit, anfangs zylindrisch bis walzenförmig, später kegelförmig oder glockig; die Farbe ist weiß, kann am Scheitel aber auch ockerfarben bis bräunlich sein. Auf der Huthaut sitzen normalerweise bräunliche, abstehende Schuppen; der Hutrand zerfließt im Alter zu einer tintenartigen Masse. Das Fleisch hat eine weiße oder leicht rosa Färbung; die sehr gedrängt stehenden und ziemlich breiten, freien Lamellen sind anfangs weiß, dann rosa und im Alter schwarz zerfließend. Die eiförmigen Sporen haben eine Größe von 10–15 × 6–8 μm; die Sporenflüssigkeit ist schwarz. Der zylindrische, 10 bis 15 cm lange und 1–1,5 cm dicke Stiel ist weiß und hohl, außerdem besitzt er einen beweglichen, leicht vergänglichen Ring.

Standort Die häufige Art kommt hauptsächlich auf nährstoffreichen Böden, etwa gedüngten Feldern, Weiden oder Wiesen vor, aber oft auch in Gärten und Parks; die Fruchtkörper erscheinen zwischen Mai und November.

Wert Jung schmackhafter Speisepilz. Verwertet werden sollten nur Exemplare, deren Lamellen noch rein weiß sind. Gilt als verdächtig, in Verbindung mit Alkohol Vergiftungen hervorzurufen.

Verwechslungsmöglichkeiten Der Schopftintling ähnelt dem **Faltentintling** (*Coprinus atramentarius*, S. 124), der auch an ähnlichen Standorten vorkommt, dessen Hut aber nicht mit abstehenden Schuppen besetzt ist. Der sehr viel seltenere **Fuchsräude-Tintling** (*Coprinus alopecia*) wächst zumeist auf Holz.

Cortinarius rubellus.....

Synonyme *Cortinarius specioissimus, C. orellanoides*

Merkmale Der anfangs kegelförmige, später flach gewölbte, stets spitz gebuckelte Hut hat einen Durchmesser von 3–8 cm und eine orangegelbe bis orangerote oder rotbraune Färbung. Die Huthaut ist filzig oder feinschuppig, bei älteren Exemplaren oft auch kahl; das gelbliche, an der Stielbasis auch bräunliche Fleisch besitzt einen rettichartigen Geruch. Die entfernt stehenden, ausgebuchtet angewachsenen Lamellen sind wie der Hut gefärbt; die ovalen, warzigen Sporen haben eine Größe von 9–12 × 6–8 µm, das Sporenpulver ist rostbraun. Der zylindrische, an der Basis oft keulig verdickte Stiel kann 5–12 cm lang und 0,7–1,2 cm dick werden; er ist von ähnlicher Farbe wie der Hut und zeigt normalerweise eine eng anliegende Ringzone.

Standort Die stellenweise häufige Art kommt in feuchten Nadelwäldern mit saurem Boden vor; die Fruchtkörper erscheinen zwischen August und Oktober.

Wert Dieser Pilz kann tödliche Vergiftungen hervorrufen, wird aber wegen seines unscheinbaren und nicht besonders appetitlichen Aussehens in Mitteleuropa augenscheinlich selten gesammelt.

Verwechslungsmöglichkeiten Mit anderen Haarschleierlingen, etwa dem ebenfalls tödlich giftigen, aber selteneren Orangefuchsigen Raukopf *(Cortinarius orellanus),* der nur schwach gebuckelt ist und außerdem vorzugsweise in Laubwäldern wächst.

TIPP *Besonders bei der Suche nach Pfifferlingen sollte man alle kleinen, gelblichen, orangefarbenen oder rötlichbraunen Blätterpilze genau überprüfen, um Verwechslungen mit diesem sehr giftigen Schleierling zu vermeiden.*

Lamellenpilze

*..Spitzbuckliger
        Orangeschleierling*

Entoloma clypeatum.....

Synonym *Rhodophyllus clypeatus*

Merkmale Der jung glockige, später abgeflachte und mit einem schild-
förmigen Buckel versehene Hut hat einen Durchmesser von 4–10 cm. Die
sehr variable Färbung reicht von gelblich über ocker und graubraun bis

braun; trockene Exemplare sind zumeist blasser. Die Huthaut ist eingewachsen faserig und seidig glänzend, manchmal auch rissig, der Rand anfangs eingebogen, später wellig. Das weißlich bis graue, feste Fleisch
riecht mehlartig; die entfernt stehenden, ausgebuchtet angewachsenen
Lamellen sind zunächst weiß, dann rosa. Die eckigen Sporen haben eine
Größe von 8–12 × 8–10 μm; das Sporenpulver ist rosa. Der 5–12 cm lange und 1–3 cm dicke Stiel ist zylindrisch, häufig gebogen, jung vollfleischig, später auch hohl; die Färbung ist weißlich.

Standort Die häufige, im Gras wachsende Art kommt nicht selten
auch in Gärten und Parks vor, wo man sie vorzugsweise in der Nähe von
Apfel-, Pflaumen- oder Birnbäumen findet, aber auch unter Weiß- oder
Schlehdornbüschen. Die Fruchtkörper erscheinen schon zwischen April
und Mai.

Wert Gekocht essbar; roh soll er manchmal Magenbeschwerden hervorrufen.

Verwechslungsmöglichkeiten Mit dem zur gleichen Zeit wachsenden giftigen **Frühlingsrötling** (*Entoloma vernum*, S. 136), der aber
nicht nach Mehl riecht. Der ebenfalls giftige **Riesenrötling** (*E. sinuatum*,
S. 134) und der giftverdächtige **Niedergedrückte Rötling** (*E. rhodopolium*, S. 132) wachsen später im Jahr, wobei Überschneidungen jedoch
nicht ausgeschlossen sind.

INFO *Da die Art sehr leicht mit giftigen Rötlingen
verwechselt werden kann, wird dringend
geraten, auf den Verzehr dieses Pilzes zu
verzichten.*

Entoloma rhodopolium

Synonym *Rhodophyllus rhodopolius*

Merkmale Der jung kaum gewölbte Hut, der einen Durchmesser von 4–10 cm hat, ist später völlig abgeflacht, in der Mitte zumeist niedergedrückt und leicht oder auch nur andeutungsweise gebuckelt. Die Färbung hängt von der Witterung ab: feucht ist die Huthaut graugelb bis oliv oder leicht bräunlich, in trockenem Zustand wirkt sie weißlich oder hellgrau und seidig glänzend. Der Rand ist wellig verbogen und oft eingerissen; das brüchige, weiße Fleisch riecht ganz schwach nach Mehl. Die gedrängt stehenden, gerade angewachsenen Lamellen sind zunächst weiß, dann rosa oder leicht rötlich und an der Schneide manchmal gekerbt; die eckigen Sporen haben eine Größe von 8–10 × 7–8 µm, das Sporenpulver ist rosa. Der zylindrische, an der Basis oft spitz zulaufende, jung vollfleischige, später auch hohle Stiel hat eine Länge von 5–10 cm und eine Dicke von 1–2 cm; er ist weißlich bis graubraun mit einer normalerweise fein faserigen und glänzenden Oberfläche.

Standort Die Art kommt in feuchten Laubwäldern vor, wo sie manchmal in Ringen wächst. Sie ist weniger häufig als die übrigen der hier erwähnten Rötlinge. Die Fruchtkörper erscheinen zwischen Juli und September.

Wert Giftverdächtig. Der Pilz soll schwere Verdauungsstörungen verursachen können.

Verwechslungsmöglichkeiten Mit anderen Rötlingen, von denen viele ebenfalls giftig sind. Gekocht essbar ist der **Schildrötling** (*Entoloma clypeatum*, S. 130), der normalerweise früher im Jahr wächst.

Niedergedrückter Rötling

INFO

Da sich bei Rötlingen die giftigen Arten nur schwer von den ungiftigen abgrenzen lassen, wird besonders unerfahrenen Sammlern vom Verzehr dieser Pilze dringend abgeraten.

Entoloma sinuatum......

*Durch den Verzehr dieses Pilzes kann es zu
sehr schweren Brechdurchfällen und Kreis-
laufbeschwerden kommen, die unbedingt
von einem Arzt behandelt werden müssen.*

Lamellenpilze

Riesenrötling, Giftrötling

Synonyme Entoloma lividum, E. eulividum, Agaricus sinuatus

Merkmale Der kugelige oder glockige, später flach gewölbte und stumpf gebuckelte Hut hat einen Durchmesser von 5–20 cm. Seine relativ variable Färbung reicht von weiß über elfenbeinfarben und bleigrau bis blassbraun; die Huthaut ist leicht abziehbar, von feinen strahlenförmigen Fasern durchsetzt und manchmal flockig bereift, der Rand anfangs eingebogen, später wellig. Das weißliche Fleisch ist fest, im Stiel oft auch faserig und riecht nach Mehl. Die gedrängt stehenden, ausgebuchtet angewachsenen Lamellen sind zunächst weiß, dann gelblich und schließlich lachsrosa; die eckigen Sporen haben eine Größe von 8–10 × 7–9 µm, das Sporenpulver ist rötlich. Der kräftige, weiße oder leicht gelbliche Stiel ist 6–12 cm lang und 1–4 cm dick, längsfaserig bis fein gerillt und bei älteren Exemplaren oft hohl.

Standort Die gebietsweise häufige, aber in manchen Gegenden völlig fehlende Art kommt in Laubwäldern mit Lehm- oder Kalkböden vor, wo man sie oft unter Eichen, Kastanien und Buchen findet; die Fruchtkörper erscheinen zwischen Juli und September.

Wert Giftig.

Verwechslungsmöglichkeiten Einer der Doppelgänger des Riesenrötlings ist die gekocht essbare **Nebelkappe** (*Lepista nebularis*, S. 176). Beide Arten sehen sich nicht nur sehr ähnlich, sondern riechen auch noch gleich (nach Mehl). Die Nebelkappe hat allerdings nie rosa- oder fleischfarbene Lamellen und erscheint außerdem normalerweise später als der Riesenrötling.

Entoloma vernum

Synonyme *Entoloma cucullatum, Rhodophyllus cucullatus, R. vernus, Nolanea verna*

Merkmale Der jung stumpf kegel- oder glockenförmige, später flach gewölbte und deutlich gebuckelte Hut hat einen Durchmesser von 2 bis 5 cm. Die Färbung variiert mit der Witterung: feucht ist die Huthaut oliv- bis schwarzbraun, trocken zumeist graubraun und seidig glänzend. Das Fleisch, das weißlich bis grau oder leicht bräunlich sein kann, ist ziemlich dünn und wässrig und vor allem im Stiel etwas spröde. Die entfernt stehenden, ausgebuchtet angewachsenen Lamellen sind relativ breit; die Farbe ist zunächst grau, dann rosa. Die eckigen Sporen haben eine Größe von 9–11 × 7–9 µm; das Sporenpulver ist rosa. Der 5–7 cm lange und 0,3–0,8 cm dicke Stiel ist normalerweise zusammengedrückt und im Alter oft hohl; seine Färbung ähnelt der des Hutes.

Standort Die nicht seltene Art kommt vorzugsweise in lichten Wäldern mit Grasbewuchs vor, aber auch an Waldrändern und auf sonnigen Hängen; die Fruchtkörper erscheinen zwischen März und Mai.

Wert Giftig.

Verwechslungsmöglichkeiten Mit dem gekocht essbaren **Schildrötling** (*Entoloma clypeatum*, S. 130), der etwa zur gleichen Zeit wächst, aber auch mit anderen Rötlingen, von denen viele ebenfalls giftig sind, etwa dem **Riesenrötling** (*E. sinuatum*, S. 134) und dem Niedergedrückten **Rötling** (*E. rhodopolium*, S. 132). Beide erscheinen zwar normalerweise später im Jahr, allerdings können Überschneidungen nie ausgeschlossen werden.

Frühlingsrötling, Frühlingsgiftrötling

TIPP Vom Verzehr von Rötlingen wird generell abgeraten, weil sie nicht leicht zu bestimmen sind und viele von ihnen mehr oder minder starke Verdauungsstörungen verursachen können.

Flammulina velutipes

Merkmale Der anfangs halbkugelige, später flach ausgebreitete Hut hat einen Durchmesser von 2–12 cm. Er ist honiggelb, in der Mitte auch bräunlich und im Alter manchmal sogar durchgängig dunkelbraun. Die feuchte Huthaut hat eine klebrige, glänzende Oberfläche; das weiße oder

...Samtfußrübling, Winterpilz

leicht gelbliche, ziemlich elastische Fleisch ist im Alter oft zäh. Die etwas entfernt stehenden, ausgebuchtet angewachsenen Lamellen sind relativ dick; ihre Farbe ist zunächst weißlich, später gelblich bis ocker. Die elliptischen Sporen haben eine Größe von 7–10 × 3–6 µm; das Sporenpulver ist weißlich. Der zähfleischige, zunächst volle, aber bald hohle, 3–10 cm lange und 0,3–1,5 cm dicke, zylindrische Stiel ist besonders an der Basis samtartig behaart; seine Färbung ist jung gelblich, später sieht er dunkelbraun bis schwarz aus.

Standort Die Art kommt büschelig wachsend auf lebenden oder abgestorbenen Laubbäumen, besonders Weiden, Pappeln, Ulmen und Buchen vor, seltener auch auf Nadelholz; die Fruchtkörper erscheinen zwischen September und April.

Wert Essbar, wobei der sehr zähe Stiel allerdings verworfen werden sollte.

TIPP *Die Art gehört zu den wenigen Pilzen, die auch im Winter gesammelt werden können. Der ebenfalls essbare Graublättrige Schwefelkopf (Hypholoma capnoides, S. 152), den man bis in den Dezember hinein finden kann und der ebenfalls büschlig auf Holz wächst, hat keinen samtfilzigen Stiel, außerdem sind Hut und Lamellen anders gefärbt, und er kommt hauptsächlich auf Nadelbäumen vor.*

Galerina marginata

Synonym Pholiota marginata

Merkmale Der halbkugelige, später gewölbte bis ausgebreitete, manchmal etwas gebuckelte Hut hat einen Durchmesser von 1–6 cm. Er ist bernsteinfarben oder gelb- bis rotbraun, bei längerer Trockenheit oft auch ockerfarben; der Rand wirkt bei Feuchtigkeit etwas durchscheinend. Das Fleisch ist ockerfarben, im Stiel auch bräunlich und riecht nach Mehl; die gedrängt stehenden, am Stiel angewachsenen oder leicht herablaufenden Lamellen sind schmal und gelblich gefärbt, im Alter auch rost- oder zimtbraun. Die mandelförmigen, warzigen Sporen haben eine Größe von $7–10 \times 5–6$ µm; das Sporenpulver ist rostbraun. Der zylindrische, glatte Stiel ist 4–5 cm lang und 0,4–0,7 cm dick; bei jungen Exemplaren entspricht die Farbe der des Hutes, später verfärbt er sich dunkelbraun, besonders an der Basis. Ein häutiger Ring, den man aber nicht immer gut erkennt, ist ebenfalls vorhanden.

Standort Die oft in Büscheln wachsende, relativ häufige Art kommt zumeist auf totem Nadelholz vor; die Fruchtkörper erscheinen zwischen September und November.

Wert Tödlich giftig.

Verwechslungsmöglichkeiten Mit anderen, büschelig auf Holz wachsenden Arten, etwa dem essbaren **Stockschwämmchen** (*Kuehneromyces mutabilis*, S. 158) oder dem ebenfalls essbaren **Hallimasch** (*Armillaria mellea*, S. 108), die beide nicht nach Mehl riechen. Der gekocht essbare **Samtfußrübling** (*Flammulina velutipes*, S. 138) wächst er zwischen September und April („Winterpilz").

Nadelholzhäubling, Häubling

INFO Diese tödlich giftige Art ist genauso gefährlich wie der Grüne Knollenblätterpilz, so
dass man sie auf keinen Fall mit essbaren,
büschelig auf Holz wachsenden Arten verwechseln darf.

Gomphidius rutilus.....

Synonyme *Chroogomphus rutilus, Gomphidius viscidus*

Merkmale Der jung kegelförmige, am Rand eingerollte, später gewölbte, schließlich ausgebreitete und zumeist spitz gebuckelte Hut hat einen Durchmesser von 3–10 cm. Er ist kupferrot oder braunorange, manchmal auch graubraun oder leicht violett; die faserig wirkende Hut-

Lamellenpilze

Kupferroter Gelbfuß

haut sieht bei Trockenheit glänzend aus, feucht dagegen schmierig. Das Fleisch hat eine safrangelbe, an der Basis des Stieles auch goldgelbe Färbung und wird im Alter oder bei Verletzung oft rötlich. Die entfernt stehenden, herablaufenden Lamellen sind graugelb, später durch die herausfallenden Sporen oft auch bräunlich verfärbt; die spindelförmigen Sporen haben eine Größe von 17–22 × 5–6 µm, das Sporenpulver ist schwarzbraun. Der zylindrische, sich am Grunde häufig ein wenig verjüngende Stiel hat eine Länge von 4–10 cm und eine Dicke von 1–1,5 cm. Er ist gelb- bis rotbraun; im oberen Drittel erkennt man normalerweise eine Ringzone.

Standort Die häufige Art kommt hauptsächlich in Nadelwäldern und dort besonders unter Kiefern vor; die Fruchtkörper erscheinen zwischen Juli und November.

Wert Es handelt sich um einen guten Speisepilz, der aber leider oft madig ist.

Verwechslungsmöglichkeiten Mit dem ebenfalls essbaren **Gefleckten Gelbfuß** (*Gomphidius maculatus*), der unter Lärchen vorkommt und dessen Hut ockergrau bis bräunlichen und schwarzfleckenden ist.

TIPP *Dieser Pilz eignet sich auch gut für die Verwendung in Suppen und zum Trocknen. Beim Kochen verfärbt er sich violett, was aber keinen Einfluss auf den Geschmack hat.*

Semmelstoppelpilz *Hydnum repandum*

Merkmale Der anfangs stark gewölbte, später zumeist wellig ausgebreitete und flach gebuckelt oder niedergedrückte Hut hat einen Durchmesser von 3–12 cm und ist Rand zunächst eingerollt, später wellig verbogen und nicht selten mit anderen Hüten verwachsen. Die Färbung reicht von blassgelb über semmelfarben und gelborange bis orangerot; die Huthaut ist samtig, oft höckrig und nicht abziehbar. Das etwas brüchige Fleisch hat eine weißliche oder leicht gelbliche Farbe (vor allem, wenn man daran reibt); die weißlichen, cremefarbenen oder gelblichen Stacheln sind 2–6 mm lang und laufen leicht am Stiel herab. Die rundlichen Sporen haben eine Größe von 7–9 × 6–8 μm, das Sporenpulver ist weiß; der zylindrische 5–8 cm lange und 1–3 cm dicke Stiel ist zumeist exzentrisch am Hut angewachsen.

Standort Die nicht seltene Art kommt vorzugsweise in Laub- und Nadelwäldern mit kalkhaltigen Böden vor; die Fruchtkörper erscheinen zwischen August und November.

Wert Der Pilz ist jung essbar, aber nicht besonders schmackhaft.

Verwechslungsmöglichkeiten Eine Verwechslung mit dem **Rotgelben Stoppelpilz** *(H. rufescens)*, der sich bis auf den etwas anders gefärbten Hut (ähnlich wie ein Pfifferling) praktisch nicht vom Semmelstoppelpilz unterscheidet, ist möglich. Da man diesen aber ebenfalls essen kann, hat eine Verwechslung keine unerwünschten Folgen.

Semmelstoppelpilz

INFO Die Stachelpilze, zu denen diese Art gehört, haben keine Lamellen an der Hutunterseite, sondern die Sporen werden an
der Außenseite von stachelartigen Strukturen gebildet.

145

*H*ygrophoropsis *aurantiaca*

INFO

Da dem Falschen Pfifferling der pikante
Eigengeschmack des echten Pfifferlings
fehlt, eignet er sich in erster Linie für
Mischpilzgerichte.

Lamellenpilze

Falscher Pfifferling

Merkmale Der Hut, der einen Durchmesser von 3–8 cm hat, ist schon jung nicht sehr stark gewölbt und später stets flach und eingedrückt oder gar trichterartig vertieft. Die Farbe kann hell- bis orangegelb oder leicht rötlich sein; in der Mitte ist die Färbung oft dunkler als am lange eingerollten Rand, alte Exemplare sind oft ausgeblasst. Das Fleisch kann weißlich bis cremefarben sein, aber auch leicht orange; die schmalen, gedrängt stehenden, am Stiel herablaufenden Lamellen sind oft gegabelt und von ähnlicher Farbe wie der Hut. Die elliptischen Sporen haben eine Größe von 6–7 × 3–4 μm; das Sporenpulver ist weiß bis hellgelb. Der schlanke und biegsame, 3–8 cm lange und 1–2 cm dicke Stiel ist ähnlich gefärbt wie der Hut.

Standort Die häufige Art kommt in Nadel- und Mischwäldern vor und dort vorzugsweise unter Fichten, Kiefern und Lärchen. Falsche Pfifferlinge treten zwischen September und November manchmal massenhaft auf.

Wert Essbar, aber nicht so schmackhaft wie der Pfifferling.

Verwechslungsmöglichkeiten Vermutlich wird dieser Pilz am häufigsten mit dem echten **Pfifferling** (*Cantharellus cibarus,* S. 114) verwechselt — da beide essbar sind ohne weitere Folgen. Möglich ist aber auch eine Verwechslung mit dem bei uns seltenen, giftigen **Ölbaumpilz** (*Omphalotus olearius*), der allerdings keine gegabelten Lamellen besitzt, säuerlich riecht und hauptsächlich büschelig auf Laubholzstrünken wächst.

Hygrophorus hypothejus

Merkmale Der Hut, der einen Durchmesser von 3–8 cm hat, wächst anfangs glockig, später ausgebreitet und schließlich eingedrückt mit einem kleinen Buckel. Junge Exemplare haben eine olivgraue oder olivbraune, manchmal auch gelbliche Huthaut, die zumeist von einer dicken Schleimschicht überzogen ist; bei älteren Frostschnecklingen, die zumeist blassgelb oder gelbbraun aussehen, ist diese Schicht normalerweise eingetrocknet oder abgewaschen. Das Fleisch kann weiß bis blassgelb, unter der Huthaut auch orangerot sein; die entfernt stehenden, häufig etwas am Stiel herablaufenden Lamellen sind zunächst weißlich, dann orangegelb bis rötlich oder orange gefleckt. Die elliptischen Sporen haben eine Größe von 7–9×4–5 µm; das Sporenpulver ist weiß. Der zylindrische, an der Basis oft verjüngte Stiel ist 3–7 cm lang und 0,5–0,7 cm dick; seine Farbe ist gelblich, manchmal auch leicht orange, und er besitzt eine angedeutete Ringzone.

Standort Die in manchen Gegenden recht häufige Art kommt in Nadelwäldern und dort besonders unter Kiefern vor; die Fruchtkörper werden von Oktober bis in den Januar gebildet, was zu seinem umgangssprachlichen Namen Frostschneckling geführt hat.

Wert Schmackhafter Speisepilz, der sich gut in Salaten verwenden lässt.

INFO Dieser Pilz ist praktisch unverwechselbar, denn seine Fruchtkörper erscheinen erst im Spätherbst und Winter, außerdem bildet er einen ganz typischen Schleim aus, der an Schneckenschleim erinnert und dieser Gattung den Namen gab.

Lamellenpilze

Hygrophorus olivaceoalbus

Merkmale Der anfangs glockige oder kugelige, später ausgebreitete, oft auch niedergedrückte und stets gebuckelte Hut hat einen Durchmesser von 2–5 cm. Er ist normalerweise oliv-, manchmal auch graubraun und in der Mitte häufig etwas dunkler; die Huthaut wirkt jung schleimig, spä-

...*Olivbrauner* *Schneckling*

ter klebrig. Das überwiegend weiße, am Rand manchmal auch etwas gelbliche Fleisch ist ziemlich dünn; die entfernt stehenden, am Stiel herablaufenden Lamellen sind weiß, im Alter häufig auch gelblich. Die elliptischen Sporen haben eine Größe von 12–16 × 6–9 µm; das Sporenpulver ist weiß. Der sehr schlanke, am Grunde oft etwas verjüngte Stiel hat eine Länge von 5–12 cm und eine Dicke von 0,5–0,8 cm; er ist weiß mit einer olivbraunen Zeichnung und einer manchmal recht undeutlichen Ringzone.

Standort Die Art kommt in feuchten Nadelwäldern und dort hauptsächlich unter Fichten vor, allerdings fast ausschließlich auf sauren Böden. Im Süden ist der Pilz recht häufig, in Norddeutschland eher selten; die Fruchtkörper erscheinen zwischen August und November.

Wert Essbar und schmackhaft, aber nicht sehr ergiebig.

Verwechslungsmöglichkeiten Mit dem ebenfalls essbaren **Zweifarbigen Schneckling** (*Hygrophorus persoonii*), der aber hauptsächlich in Laubwäldern und dort vorzugsweise unter Eichen wächst.

INFO *Diese Art kommt fast ausschließlich unter Fichten vor, weil die Pilze eine Symbiose mit diesen Nadelbäumen bilden, also eine Lebensgemeinschaft zum gegenseitigen Nutzen, bei der die Pilze die Baumwurzeln mit Wasser und Mineralsalzen versorgen und dafür mit Kohlenhydraten „belohnt" werden.*

Hypholoma capnoides

Merkmale Der jung halbkugelige, dann ausgebreitete und zumeist stumpf gebuckelte Hut hat einen Durchmesser von 2–7 cm. Er ist hellgelb, am Scheitel auch gelb- oder orangebraun, außerdem sind am Hutrand häufig noch Reste des *Velums* zu erkennen. Das weißliche bis hellgelbe, manchmal auch leicht bräunliche Fleisch ist im Hut weich, im Stiel zumeist faserig zäh; die am Stiel angewachsenen Lamellen sind anfangs weißgelb, später rauchgrau bis grauviolett. Die elliptischen Sporen haben eine Größe von 8–9 × 4–5 µm und einen Keimporus; das Sporenpulver ist oliv bis violettbraun. Der hohle Stiel ist 3–10 cm lang und 0,3–0,6 cm dick, zylindrisch, sehr dünn und oft gebogen; seine Färbung ist in Hutnähe weißlich bis weißgelb, an der Basis dagegen gelblich bis braun, manchmal auch fast schwarz.

Standort Die häufige Art kommt büschelig auf Nadelholz, hauptsächlich Kiefern und Fichten vor; die Fruchtkörper erscheinen normalerweise zwischen September und Dezember, man kann sie aber gelegentlich auch einmal im zeitigen Frühjahr finden.

Wert Essbar und durchaus wohlschmeckend.

Verwechslungsmöglichkeiten Recht ähnlich sind der früher gekocht als essbar geltende, aber leicht giftige **Ziegelrote Schwefelkopf** (*Hypholoma sublaterium*, S. 154) und der ebenfalls giftige Grünblättrige Schwefelkopf (*H. fasciculare*). Beide unterscheiden sich hauptsächlich durch die Hut- und Lamellenfarbe.

TIPP *Da man diesen Pilz leicht mit giftigen Schwefelkopf-Arten verwechseln kann, sollten unerfahrene Sammler besser auf den Verzehr verzichten.*

Lamellenpilze

Graublättriger
Schwefelkopf

*H*ypholoma
sublaterium

Merkmale Der jung fast kugelige, dann flach gewölbte, schließlich ausgebreitete und leicht stumpf gebuckelte Hut weist einen Durchmesser von 4–12 cm auf. Er hat eine ziegelrote bis bräunliche Färbung (am

Lamellenpilze

Ziegelroter
Schwefelkopf

Rand kann er auch gelblich bis orange sein); der Hutrand ist lange einge-rollt und bei jüngeren Pilzen mit dem Stiel durch ein dickes, weißgelbes *Velum* verbunden, von dem später, mit Ausnahme sehr alter Exemplare, zumeist deutlich erkennbare Reste am Rand zurückbleiben. Das Fleisch ist weißlich bis gelb, an der Stielbasis auch rötlich bis bräunlich; die ge-drängt stehenden, am Stiel angewachsenen Lamellen sind jung gelblich bis oliv, später grauviolett bis purpurbraun und an der Schneide oft deut-lich heller. Die Sporen haben eine Größe von 6–8 × 4–5 µm; sie sind oval mit Keimporus, das Sporenpulver ist grau- bis schwarzviolett. Der Stiel ist 4–12 cm lang und 0,5–1,5 cm dick, zylindrisch, oft gebogen, anfangs fest und voll, später zumeist hohl; seine Färbung ist in Hutnähe hellgelb, im mittleren und unteren Bereich zunehmend bräunlich und faserschuppig. Im oberen Teil sind außerdem häufig spärliche Reste des gelblichen *Ve-lums* vorhanden, das durch herausgefallene Sporen aber auch dunkel ver-färbt sein kann.

Standort   Die häufige Art kommt sowohl auf Laub- als auch Nadelholz vor; die Fruchtkörper erscheinen zwischen Mai und November.

Wert   Giftig.

TIPP   *Ältere Pilzbücher bezeichnen diese Art manchmal als gekocht essbar. Man weiß aber heute, dass der Pilz auch gekocht noch giftig ist, so dass man ihn auf keinen Fall mit dem essbaren* **Graublättrigen Schwefelkopf** *(Hypholoma capnoides, S. 152) verwechseln darf.*

Inocybe erubescens

Synonym *I. partouillardii*

Merkmale Der anfangs kegel-, dann glockenförmige, schließlich ausgebreitete und mit einem deutlichen Buckel ausgestattete Hut hat einen Durchmesser von 3–8 cm. Er ist jung weißlich bis cremefarben oder ocker, später läuft er vom Rand her ziegelrot an. Die seidige Huthaut verfärbt sich an Druckstellen rot, ebenso wie das weißliche, ein wenig nach Obst riechende Fleisch an Schnittstellen. Die gedrängt stehenden, ausgebuchtet angewachsenen Lamellen sind jung weißlich, später auch olivgelb oder -braun und an Druckstellen rot. Die normalerweise leicht nierenförmigen Sporen haben eine Größe von 9–14 × 6–8 μm; das Sporenpulver ist braun. Der zylindrische, feinfaserige Stiel hat eine Länge von 4–8 cm und eine Dicke von 1–1,5 cm; er ist zunächst weißlich, später auch rosa, rötlich oder leicht bräunlich; an Druckstellen läuft auch er rot an.

Standort Die häufige Art kommt in lichten Laubwäldern, aber auch in Parks und in Gärten vor. Kalkböden werden bevorzugt; die Fruchtkörper erscheinen zwischen Mai und Juli.

Wert Giftig.

Verwechslungsmöglichkeiten Mit dem essbaren, etwa zur gleichen Zeit wachsenden **Maipilz** (*Calocybe gambosa*, S. 112), der aber nicht rötet. Außerdem riecht der Maipilz nach Mehl, und er hat ein weißes Sporenpulver.

Lamellenpilze

Ziegelroter Risspilz, Mairisspilz

INFO

Die Art enthält ein schnell wirkendes Nervengift, so dass die typischen Symptome der Vergiftung, also kalter Schweiß, Übelkeit, Pupillenverengung, Sehstörungen, niedriger Blutdruck, langsamer Puls, Atemnot, Bauchkoliken und Erbrechen zumeist schon kurz nach dem Genuss der Pilze auftreten (wenige Minuten bis höchstens zwei Stunden).

Kuehneromyces mutabilis

Das Stockschwämmchen eignet sich gut für Pilzsuppen, wobei man die unteren, zähen Stielteile verwerfen sollte. Leider kann der Pilz aber leicht mit sehr giftigen Arten verwechselt werden, so dass man unerfahrenen Sammlern den Verzehr nicht empfehlen kann.

Lamellenpilze

Stockschwämmchen

Synonym *Pholiota mutabilis*

Merkmale Der halbkugelige, später ausgebreitete und zumeist gebuckelte Hut hat einen Durchmesser von 4–8 cm und eine gelb-, zimt- oder rotbraune Färbung. Das brüchige Fleisch ist weißlich, im Stiel auch braun; die gedrängt stehenden, angewachsenen oder manchmal leicht herablaufenden Lamellen sind zunächst gelblich, dann oft auch zimt- oder rostbraun. Die Sporen haben eine Größe von 6–8 × 4–5 μm; sie sind elliptisch, glatt und mit deutlich sichtbarem Keimporus; das Sporenpulver ist rostbraun. Der zylindrische und bei älteren Exemplaren zumeist hohle Stiel hat eine Länge von 3–10 cm und eine Dicke von 0,4–0,7 cm. Normalerweise ist auch ein häutiger Ring vorhanden, unter dem der Stiel rostbraun und schuppig aussieht, während er darüber fast weiß gefärbt ist.

Standort Die häufige Art kommt vorzugsweise auf abgestorbenen Laubbäumen vor, wobei sie stets in Büscheln wächst; die Fruchtkörper erscheinen zwischen Mai und November.

Wert Schmackhafter Speisepilz.

Verwechslungsmöglichkeiten Mit dem tödlich giftigen **Nadelholzhäubling** (*Galerina marginata,* S. 140) der hauptsächlich auf Nadelhölzern vorkommt, einen glatten Stiel hat und etwas nach Mehl riecht. Der auf Nadel- und Laubholz vorkommende, ebenfalls giftige **Grünblättrige Schwefelkopf** (*Hypholoma fasciculare*) hat einen glatten, unberingten Stiel und schwefelgelbe oder grünliche Lamellen.

Laccaria laccata

Merkmale Der zunächst gewölbte, später flache bis niedergedrückte Hut hat einen Durchmesser von 1–5 cm. Er ist sehr dünnfleischig und normalerweise rosa, manchmal aber auch rötlich gefärbt. Die Huthaut sieht anfangs glatt und kahl aus, dann zumeist etwas flockig oder fein schuppig, bevor sie später häufig aufbricht. Das rosafarbene Fleisch kann ziemlich zäh sein; die entfernt stehenden, gegabelten Lamellen sind am Stiel angewachsen und haben manchmal Zwischenlamellen. Ihre Färbung ist rosa bis fleischfarben, bei alten Exemplaren sind sie durch das Sporenpulver oft weiß bestäubt. Die rundlichen, stachligen Sporen haben eine Größe von 8–10 μm; das Sporenpulver ist weiß. Der Stiel hat eine Länge von 5–10 cm und eine Dicke von 0,2–0,6 cm; er ist oft gekrümmt, manchmal auch breitgedrückt oder in sich verdreht und im Alter häufig röhrenartig ausgehöhlt. Seine Färbung ähnelt der des Hutes; an der Basis kann ein weißer Myzelfilz vorhanden sein.

Standort Die sehr häufige Art kommt in Laub- und Nadelwäldern, aber auch in Parks und an Wegrändern vor; die Fruchtkörper erscheinen zwischen Juni und November.

Wert Essbar.

Verwechslungsmöglichkeiten Andere, ebenfalls essbare Lacktrichterlinge, die sich zumeist durch die unterschiedliche Färbung abgrenzen lassen. Für wenig erfahrene Sammler besteht die Gefahr einer Verwechslung mit giftigen **Risspilzen** (*Inocybe*, S. 156) und **Hautköpfen** (*Cortinarius*, S. 128).

...Rötlicher
Lacktrichterling

L

TIPP

Wegen seines würzigen Geschmacks lässt sich dieser Pilz gut in Suppen und Saucen verwenden; die zähen Stiele sind für den Verzehr ungeeignet.

Lactarius deliciosus

Merkmale Der anfangs gewölbte, später flache und niedergedrückte oder trichterförmige, manchmal leicht gebuckelte Hut hat einen Durchmesser von 5–15 cm. Er ist orange-, hell- oder ziegelrot, oft auch leicht

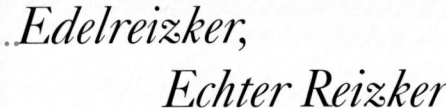
Edelreizker,
Echter Reizker

bräunlich; die Huthaut weist konzentrische Ringzonen auf und wird bei Feuchtigkeit häufig etwas schleimig. Das brüchige Fleisch ist weißlich bis blassrosa oder gelblich; bei Verletzung tritt ein orange- bis karottenfarbener Saft aus. Die gedrängt stehenden Lamellen sind ungleich lang und laufen am Stiel herab; ihre Farbe ist hell- bis rotorange, im Alter oder bei Berührung verfärben sie sich zumeist grünlich. Die rundlichen oder leicht elliptischen, warzigen Sporen haben eine Größe von 7–10 × 6–7 µm; das Sporenpulver ist cremefarben bis ocker oder leicht rosa. Der Stiel ist 3–7 cm lang und 1–2 cm dick, zylindrisch und zur Basis hin verjüngt; im Alter wird er oft hohl. Seine Farbe gleicht der des Hutes; er kann aber dunklere Flecken aufweisen und an der Basis manchmal einen weißen Filz.

Standort Die stellenweise häufige Art kommt hauptsächlich in Nadelwäldern vor und dort vorzugsweise unter Kiefern. Kalkböden werden bevorzugt; die Fruchtkörper erscheinen zwischen Juli und November.

Wert Guter Speisepilz, dessen Hut man panieren und wie ein Schnitzel braten kann.

INFO Diese Art gehört zu den so genannten Blutreizkern, die alle einen typischen orange- bis karottenfarbenen Milchsaft enthalten. Blutreizker sind zwar alle ungiftig, aber nicht in jedem Fall zum Verzehr geeignet, etwa der bitter schmeckende Fichtenblutreizker (L. deterrimus).

Lactarius helvus

Merkmale Der zunächst flach gewölbte, dann niedergedrückt oder leicht trichterförmige, leder- bis ockergelbe, manchmal auch rötliche Hut hat einen Durchmesser von 5–16 cm. Der Rand ist sehr dünn, anfangs eingerollt, später unregelmäßig verbogen; auf der Huthaut sind in der Mitte oft flockige Schuppen zu erkennen. Das brüchige, hellgelbe oder ockerfarbene, an der Stielbasis auch rotbraune Fleisch enthält einen farblosen Milchsaft, der auffallend nach Maggiwürze riecht, besonders beim Trocknen. Die gedrängt stehenden, manchmal auch gegabelten Lamellen sind angewachsen oder laufen etwas am Stiel herab; ihre Färbung ist anfangs cremefarben bis gelblich, später auch rötlich; im Alter können sie durch die herausquellenden Sporen auch weiß bestäubt sein. Die Sporen, die eine Größe von 7–9 × 6–7 µm haben, sind rundlich bis leicht elliptisch und warzig; das Sporenpulver ist weiß oder leicht gelblich. Der zylindrische, im Alter zumeist hohle, 4–12 cm lange und 1–3 cm dicke Stiel ist etwas heller als der Hut.

Standort Die häufige Art kommt hauptsächlich in feuchten, moosreichen Nadelwäldern vor und dort vorzugsweise unter Fichten; die Fruchtkörper erscheinen zwischen Juli und Oktober.

Wert Roh giftig.

Verwechslungsmöglichkeiten Der essbare, etwas kleinere und dunklere Kampfer-Milchling (*L. camphoratus*) riecht ebenfalls nach Maggi. Er kann in gleicher Weise wie der Bruchreizker verwendet werden.

...Bruchreizker, Maggipilz, Filziger Milchling

Lactarius rufus

Manche Sammler halten diesen Pilz wegen seines scharfen Geschmacks für ungenießbar, anderen gilt er Delikatesse. Auf jeden Fall sollte man ihn vor dem Verzehr zunächst 12 Stunden wässern und anschließend 10 Minuten in Salzwasser kochen. Danach kann man ihn braten oder auch in Essig einlegen.

Lamellenpilze

Rotbrauner Milchling, Paprikapilz

Merkmale Der anfangs flach gewölbte, später abgeflachte und niedergedrückte oder leicht trichterförmige Hut hat einen Durchmesser von 3–10 cm und normalerweise eine kleinen, spitzen Buckel. Die Huthaut ist dunkelrot bis rotbraun und normalerweise fein filzig bereift, vor allem am Rand. Das brüchige, weiße (an der Stielbasis auch rötliche) Fleisch enthält einen weißen Milchsaft mit sehr scharfem, paprikaartigem Nachgeschmack. Die gedrängt stehenden, am Stiel angewachsenen und manchmal ein wenig herablaufenden Lamellen sind schmal und ungleich lang; ihre Farbe ist zunächst gelblich, dann ocker bis rötlich. Die warzigen Sporen haben eine Größe von 7–10 × 5–7 µm; sie sind rundlich bis elliptisch, das Sporenpulver ist weißlich. Der Stiel ist 3–7 cm lang und 0,8–1,5 cm dick, zylindrisch und im Alter zumeist hohl; seine Farbe ähnelt der des Hutes, an der Basis kann ein weiß-filziger Überzug vorhanden sein.

Standort Die häufige Art kommt hauptsächlich in Nadelwäldern und dort gern unter Kiefern vor, wobei saure Böden bevorzugt werden; die Fruchtkörper erscheinen zwischen August und Oktober.

Wert Ungenießbar

Verwechslungsmöglichkeiten Mit anderen Milchlingen, etwa dem ungenießbaren **Eichenmilchling** (*Lactarius quietus*), der aber einen gelblichen Milchsaft ausscheidet, hauptsächlich unter Eichen wächst und nach altem Fett riecht.

Lactarius torminosus

Merkmale Der jung gewölbte, später breit trichterförmige Hut hat eine fleischrosa bis bräunliche Färbung mit dunklen, konzentrischen Ringen und einen Durchmesser von 4–14 cm. Der Rand ist lange eingerollt und mit dem Stiel faserig verbunden, nach dem Aufreißen des *Velums* bleiben normalerweise lange, zottige „Haare" am Hutrand zurück. Das brüchige weiße Fleisch kann unter der Huthaut auch rötlich gefärbt sein; der Milchsaft ist weiß und verändert sich auch an der Luft nicht. Die gedrängt stehenden, schmalen, etwas am Stiel herablaufenden Lamellen sind normalerweise weißlich, können aber auch leicht rosa überlaufen sein. Die Sporen haben eine Größe von 8–10 × 6–7 μm. Sie sind rundlich bis elliptisch mit einem warzigen Muster; das Sporenpulver ist cremefarben bis gelblich oder rosa. Der zylindrische und an der Basis häufig etwas verjüngte, im Alter zumeist hohle Stiel kann 3–8 cm lang und 1–3 cm dick werden; seine Färbung reicht von weißlich bis blassrosa, das Fleisch ist hart und brüchig.

Standort Die häufige Art kommt in lichten Laubwäldern oder Parks, vorzugsweise unter Birken vor, wobei saure, nicht allzu feuchte Böden bevorzugt werden. Die Fruchtkörper erscheinen zwischen August und Oktober.

Wert Es handelt sich um einen Giftpilz, der Magen- und Darmbeschwerden hervorrufen kann.

Lamellenpilze

Birkenreizker, Giftreizker

TIPP

Aufgrund des lange eingerollten und in typischer Weise zottigen Hutrandes lässt sich der Birkenreizker leicht von anderen Milchlingen unterscheiden.

Lactarius vellerus

Merkmale Der flach ausgebreitete und niedergedrückte, später zumeist trichter- oder schüsselförmige Hut mit lange eingerolltem Rand hat einen Durchmesser von 8–25 cm. Die Huthaut, an der häufig Erdreste

Lamellenpilze

Wolliger Milchling, Erdschieber

hängen, ist normalerweise weiß und samtig, manchmal sind aber auch ockerfarbenen Flecken vorhanden. Das weiße, brüchige Fleisch enthält einen weißen Milchsaft mit sehr scharfem, fast brennendem Geschmack. Die anfangs entfernt, später auch enger stehenden, oft gegabelten Lamellen laufen am Stiel herab; sie sind zunächst weiß, können im Alter aber auch ockerfarbene Flecken aufweisen und scheiden manchmal wasserklare Tropfen aus. Die rundlichen bis leicht elliptischen, warzigen Sporen haben eine Größe von 9–12 × 7–10 µm; das Sporenpulver ist weißlich. Der ähnlich wie der Hut gefärbte Stiel ist 3–6 cm lang und 3–5 cm dick.

Standort   Die im Flachland durchaus häufige Art kommt in Laub- und Nadelwäldern vor; die Fruchtkörper erscheinen zwischen August und November.

Wert   Ungenießbar.

Verwechslungsmöglichkeiten   Andere Milchlinge, etwa der ein wenig größere ungenießbare **Rosascheckige Milchling** (*Lactarius controversus*) mit seinen rosafarbenen Lamellen, der **Schlanke Pfeffermilchling** (*L. piperatus*) und der **Grünende Pfeffermilchling** (*L. pargamenus*), deren Fleisch sich gelb bzw. grünblau verfärbt. Ähnlich sieht auch der Blaublättrige Weißtäubling (*Russula delica*) aus, der allerdings keinen Milchsaft ausscheidet.

INFO   *Dieser Pilz gilt wegen seiner Schärfe allgemein als ungenießbar, obwohl es Sammler geben soll, die ihn nach längerem Wässern und Abkochen wie Bratkartoffeln zubereiten.*

Lactarius volemus

Merkmale Der gewölbte, später niedergedrückte oder im Alter auch trichterförmige Hut hat einen Durchmesser von 7–15 cm und eine gelb-, orange- oder rotbraune Färbung, wobei in der Mitte manchmal rötliche Flecken zu erkennen sind. Die Huthaut ist jung samtig, später zumeist kahl und alt oft rissig. Das brüchige, leicht nach Hering riechende, normalerweise weiße Fleisch, kann durch den nachdunkelnden Milchsaft auch bräunlich verfärbt sein; der klebrige, weißliche Milchsaft hat anfangs einen süßlichen, später einen bitteren Geschmack. Die gedrängt stehenden Lamellen sind am Stiel angewachsen oder auch ein wenig herablaufend; ihre Farbe ist weiß bis gelblich, Druckstellen werden braunfleckig, bei Verletzung wird reichlich Milchsaft abgesondert. Die rundlichen, warzigen Sporen sind 8–10 µm groß; das Sporenpulver ist weißlich bis cremefarben. Der glatte Stiel, der eine Länge von 4–12 cm und eine Dicke von 1–2,5 cm hat, ist zylindrisch, etwas heller als der Hut und oft zart bereift.

Standort Die nicht sehr häufige, in manchen Gegenden auch völlig fehlende Art kommt in Laub- und Nadelwäldern vor und dort gern unter Kiefern; die Fruchtkörper erscheinen zwischen Juli und November.

Wert Geschätzter Speisepilz.

Verwechslungsmöglichkeiten Mit dem giftigen **Birkenreizker** (*Lactarius torminosus*, S. 168) und anderen braunen Milchlingen, von denen viele ungenießbar sind. Wegen des typischen Heringsgeruchs und des bei Verletzungen reichlich austretenden süßen Milchsaftes, lassen sich Verwechslungen aber leicht vermeiden.

Brätling, Milchbrätling, Birnenmilchling

TIPP

Dieser Pilz darf keinesfalls gekocht, sondern nur kurz gebraten werden – wie der Name sagt, weil er sich sonst in eine unappetitliche, leimartige Masse verwandelt.

Lepiota castanea

Merkmale Der anfangs gewölbte bis glockige, später flach ausgebreitete und zumeist gebuckelte Hut dieses kleinen Pilzes ist rot- bis kasta-
nienbraun. Er hat einen Durchmesser von 2–4 cm; die Huthaut zerreißt

Lamellenpilze

Kastanienbrauner Schirmling

bei älteren Exemplaren in konzentrische, um die Mitte des Hutes angeordnete, feine, körnige Schuppen, zwischen denen oft der helle Untergrund zu sehen ist. Das Fleisch ist normalerweise weißlich, kann in der Stielrinde aber auch ein wenig bräunlich aussehen; die entfernt stehenden, relativ breiten, freien Lamellen sind weißlich, verfärben sich später aber häufig auch gelbbraun, besonders wenn Druckstellen vorhanden sind. Die länglichen Sporen haben eine Größe von 9–13 × 3–5 µm; das Sporenpulver ist weiß. Der zylindrische Stiel, der eine Länge von 3–4 cm und eine Dicke von 0,2–0,4 cm hat, ist zumeist etwas heller als der Hut; unterhalb der nur angedeuteten Ringzone sind normalerweise kleine braune Schuppen vorhanden.

Standort Die nicht besonders häufige Art kommt hauptsächlich in Nadel- und Laubwäldern vor, manchmal aber auch in Parks und dort gern unter Pappeln; die Fruchtkörper erscheinen zwischen August und Oktober.

Wert Dieser gefährliche Pilz ist tödlich giftig.

TIPP Der Kastanienbraune Schirmling ist genauso giftig wie der Grüne Knollenblätterpilz. Daher wird dringend geraten, auf den Verzehr kleiner Schirmlinge, von denen viele andere ebenfalls toxisch oder noch nicht näher auf ihre Inhaltsstoffe untersucht sind, zu verzichten.

Lepista nebularis

Synonym Clitocybe nebularis

Merkmale Der anfangs polsterförmig gewölbte, später ausgebreitete und oft etwas niedergedrückte graue oder graubraune und fein weißlich bereifte Hut hat einen Durchmesser von 6–18 cm; die Huthaut ist abziehbar, der Rand jung eingerollt, später wellig verbogen. Das weißliche, bei jungen Exemplaren noch feste Fleisch hat einen süßlichen Mehlgeruch; die gedrängt stehenden, ziemlich schmalen und ungleich langen Lamellen, die ein wenig am Stiel herablaufen, sind weißlich bis cremefarben oder gelblich und leicht vom Hut ablösbar. Die elliptischen Sporen haben eine Größe von 6–8 × 3–4 µm; das Sporenpulver ist weißlich bis cremefarben. Der kräftige Stiel, der eine Länge von 6–10 cm und eine Dicke von 1,5–4 cm hat, ist weißlich bis hellgrau oder ganz zart bräunlich. An der Basis kann er keulig verdickt und auch etwas weißfilzig sein.

Standort Die sehr häufige Art kommt in Laub- und Nadelwäldern, aber auch in Parks oder Gärten vor. Sie wächst zumeist gesellig und oft in Reihen oder Ringen; die Fruchtkörper erscheinen zwischen September und November.

Wert Die Nebelkappe gilt als essbar, wird aber ganz augenscheinlich nicht von allen Menschen vertragen. Auf jeden Fall sollte man die Pilze gut kochen und nicht allzu große Mengen davon essen.

TIPP *Da die Nebelkappe für empfindliche Personen unbekömmlich sein kann und zudem mit dem sehr giftigen* **Riesenrötling** *(Entoloma sinuatum, S. 134) einen gefährlichen Doppelgänger hat, der nicht nur sehr ähnlich aussieht, sondern auch gleich riecht (nach Mehl), kann der Verzehr dieses Pilzes nicht empfohlen werden.*

Lamellenpilze

Lamellenpilze

Violetter Rötelritterling, Nackter Rötelritterling

Merkmale Der anfangs gewölbte, später flach ausgebreitete, jung leuchtend violette, später zumeist von der Mitte her braun- oder grauviolett ausblassende Hut hat einen Durchmesser von 7–16 cm; der Rand ist anfangs eingerollt, später wellig verbogen. Das Fleisch zeigt eine hellviolette, im Alter auch weißlich oder gelbgrüne Färbung; es ist zart und riecht süßlich, aber nicht unangenehm. Die gedrängt stehenden, ausgebuchtet angewachsenen Lamellen sind ziemlich dünn, von unterschiedlicher Länge und leicht vom Hut abzulösen; ihre Farbe ist violett, im Alter oft auch braunviolett. Die elliptischen Sporen haben eine Größe von 6–8 × 3–4 μm; das Sporenpulver ist rosa bis fleischfarben oder rötlich. Der kräftige, 5–10 cm lange und 1,5–2,5 cm dicke Stiel ist wie der Hut gefärbt, manchmal auch etwas heller; seine Basis kann leicht keulig verdickt sein, außerdem ist oft ein violetter Myzelfilz vorhanden.

Standort Die häufige Art kommt in Laub- und Nadelwäldern, aber auch in Parks oder Gärten vor, wo sie oft in Reihen oder Ringen wächst; die Fruchtkörper erscheinen zwischen September und November, manchmal auch schon im Frühjahr.

Wert Giftig

Verwechslungsmöglichkeiten Mit dem giftigen **Lila Dickfuß** (*Cortinarius traganus*), dessen Lamellen lange von einem *Velum* bedeckt sind, was normalerweise auch noch bei älteren Exemplaren am Hutrand oder am Stiel zu erkennen ist.

TIPP *Der Violette Rötelritterling soll ein Gift enthalten, das die roten Blutkörperchen schädigt. Dieses wird aber augenscheinlich durch Kochen oder Braten zerstört, so dass er gekocht als essbar gilt. Zu Essigpilzen, wie früher oft üblich, sollte man die Art aber nicht mehr verarbeiten.*

Lyophyllum connatum

Merkmale Der anfangs gewölbte, später flach ausgebreitete, manchmal auch niedergedrückte Hut hat einen Durchmesser von 2–9 cm und eine weiße bis cremefarbene, feucht auch grau bis olivgraue Färbung; der Rand ist jung eingerollt, später stark wellig verbogen. Das weißliche Fleisch besitzt eine knorpelige Konsistenz, und einen süßlichen, parfümartigem Geruch. Die gedrängt stehenden, angewachsenen oder manchmal auch leicht am Stiel herablaufenden Lamellen sind weiß, im Alter oft auch gelb. Die elliptischen Sporen haben eine Größe von 5–7 × 3–4 μm, das Sporenpulver ist weiß. Der zylindrische, zunächst vollfleischige, bei alten Exemplaren häufig auch hohle Stiel ist 4–8 cm lang und 1–2 cm dick und weiß, später auch gelblich gefärbt; an der Basis kann er mit den Stielen anderer Exemplare büschelig verwachsen sein.

Standort Die gebietsweise häufige, in manchen Gegenden allerdings auch seltene oder sogar fehlende Art kommt hauptsächlich in feuchten, lichten Laubwäldern vor. Sie wächst zumeist neben verfaulendem Holz, wo oft ganze Büschel auftreten können; die Fruchtkörper erscheinen zwischen August und Oktober.

Wert Gitig.

TIPP Die Art wurde früher zumeist als essbar beschrieben. Heute weiß man allerdings, dass die Pilze eine Substanz enthalten, die sich im Tierversuch als mutagen erwiesen hat, also Veränderungen im Erbgut hervorrufen kann. Daher wird vom Verzehr des Weißen Raslings dringend abgeraten.

Lamellenpilze

...Weißer Rasling, Weißer Büschelrasling

Verwechslungsmöglichkeiten Der essbare, im Alter oft ebenfalls weißliche **Mönchskopf** (*Clitocybe geotropa*, S. 120) wächst zumeist nicht büschelig, hat rundliche Sporen hat und ist normalerweise auch deutlich größer als der Weiße Rasling.

Lyophyllum decastes

Synonym *L. aggregatum*

Merkmale Der anfangs halbkugelig gewölbte, später flach ausgebreitete, manchmal auch niedergedrückte und besonders am Rand stark wel-

Brauner Rasling,
Büschelrasling

lig verbogene Hut hat einen Durchmesser von 5–12 cm. Seine Farbe ist sehr variabel. Zumeist zeigt er verschiedene Brauntöne, es gibt aber auch weißgraue oder gelbliche Exemplare; die Huthaut wirkt faserig eingewachsen und seidig glänzend. Das weiche und saftige Fleisch ist weißlich, unter der Huthaut manchmal auch grau; die gedrängt stehenden, zumeist leicht herablaufenden und ziemlich elastischen Lamellen sind zunächst weißlich, später auch cremefarben oder grau. Die rundlichen Sporen haben eine Größe von 5–7 µm, das Sporenpulver ist weiß; der zylindrische, längsfaserige Stiel ist 4–12 cm lang und 1–2 cm dick, grauweiß bis cremefarben oder beige und in Hutnähe oft auch mehlig bestäubt.

Standort Die häufige, zumeist in großen Büscheln wachsende Art kommt in lichten Laubwäldern mit Grasboden, aber auch auf Wiesen, an Wegrändern und in Parks oder Gärten vor (oft in der Nähe von Pappeln); die Fruchtkörper erscheinen zwischen September und November, manchmal auch schon im Frühjahr.

Wert Der essbare Braune Rasling eignet sich vor allem für Pilzsuppen.

TIPP *Hüten muss man sich beim Sammeln dieser Art vor Verwechslungen mit dem giftigen Riesenrötling (Entoloma sinuatum, S. 134), der ähnlich gefärbt sein kann wie der Braune Rasling, aber nach Mehl riecht sowie rötlichen Sporenstaub und eckige Sporen besitzt.*

Macrolepiota procera

Synonym   *Agaricus columinus*

Merkmale   Der anfangs eiförmige oder fast kugelige, später gewölbte und schließlich flach ausgebreitet Hut hat einen Durchmesser von 10
bis 35 cm und einen kleinen Buckel. Er ist jung vollkommen braun, später platzt die dunkle Huthaut vom Rand her schuppig auf, so dass die
helle Grundfärbung sichtbar wird. Das weiße, sich beim Durchschneiden nicht verfärbende Fleisch ist im Hut weich und zart, im Stiel faserig bis holzig und von nussartigem Geschmack. Die gedrängt stehenden, freien, bauchigen Lamellen sind weiß bis gelblich, im Alter auch
leicht rötlich oder bräunlich; die elliptischen Sporen haben eine Größe
von 12–24 × 10–16 µm, das Sporenpulver ist weißlich. Der hohle, zylindrische Stiel mit knollig verdickter Basis ist 20–40 cm lang und 1 bis
2 cm dick; er hat jung eine durchgängig braune Färbung und bekommt
später durch ein schuppiges Aufplatzen der Oberhaut eine braune
Zeichnung. Außerdem besitzt er einen auffallend großen, doppelten,
weißen Ring, der sich auf dem Stiel verschieben lässt.

Standort   Die häufige Art kommt auf Waldwiesen und Kahlschlägen,
aber auch an Wald- und Wegrändern vor; die Fruchtkörper erscheinen
zwischen Juli und November.

Wert   Ausgezeichneter Speisepilz.

Verwechslungsmöglichkeiten   Mit dem **Safranschirmling** (*Macrolepiota rachodes*, S. 186), der aber nicht so groß wird, und dessen Fleisch
bei Verletzung stark rötet.

...Parasol,
Riesenschirmling

TIPP

Den Hut des Parasols kann man wie ein Wiener Schnitzel panieren und dann braten. Die zähen Stiele lassen sich höchstens als Pilzpulver verwenden.

Macrolepiota rhacodes

Lamellenpilze

186

Safranschirmling

Merkmale Der anfangs fast kugelige, später gewölbte bis flache, manchmal gebuckelte Hut hat einen Durchmesser von 5–15 cm und große, zumeist konzentrisch angeordnete, regelmäßige, braune Schuppen auf der weißlichen Unterhaut. Das Fleisch ist weißlich, im Alter auch leicht bräunlich und läuft bei Verletzung schon nach einigen Sekunden intensiv rot an. Die gedrängt stehenden, bauchigen Lamellen sind frei und von weißlicher Farbe, bekommen an Druckstellen aber schnell rötliche oder bräunliche Flecken. Die elliptischen Sporen haben eine Größe von 10–15 × 6–7 µm; das Sporenpulver ist weiß. Der zylindrische, hohle Stiel, der eine knollig verdickte Basis besitzt, ist 10–15 cm lang und 1–1,5 cm dick. Seine Färbung ist anfangs weiß, später bekommt er eine bräunliche Maserung; der Ring ist doppelt, weißlich und frei verschiebbar.

Standort Die häufige Art kommt in Laub- und Nadelwäldern (gern unter Fichten), aber auch auf Lichtungen, Waldwiesen, an Feldrändern und in Gärten vor; die Fruchtkörper erscheinen zwischen August und November.

Wert Essbar, aber nicht so schmackhaft wie der Parasol.

Verwechslungsmöglichkeiten Der typische Doppelgänger dieses Pilzes ist der ebenfalls essbare **Parasol** (*Macrolepiota procera,* S. 184), dessen Fleisch aber nicht rötet und dessen Stiel eine typische Schuppenzeichnung und keine Maserung aufweist.

TIPP *Unerfahrene Sammler könnten Macrolepiota-Arten mit dem sehr gefährlichen Pantherpilz (Amanita pantherina) verwechseln. Der hat ebenfalls eine knollige Stielbasis, die jedoch in einer Volva sitzt; außerdem lässt sich der Ring nicht frei auf dem Stiel hin- und herbewegen.*

Paxillus atrotomentosus

Merkmale Der anfangs gewölbte, später flache und zumeist nieder-gedrückt Hut hat einen Durchmesser von 5–20 cm und einen stark ein-gerollten Rand. Die Färbung ist rot- oder olivbraun, die Huthaut jung samtig bis fein filzig, im Alter weitgehend kahl. Das Fleisch, das eine weißliche bis gelbe Färbung und eine weiche, bei Regen auch schwam-mige Konsistenz hat, riecht leicht säuerlich. Die gedrängt stehenden, gegabelt oder netzartig verbundenen, am Stiel herablaufenden Lamel-len sind cremefarben oder gelblich bis ocker und bekommen an Druck-stellen bräunliche Flecken. Die elliptischen, glatten Sporen haben eine Größe von 4–6 × 3–4 µm; das Sporenpulver ist gelb- bis olivbraun. Der braunsamtige Stiel, der eine Länge von 3–6 cm und eine Dicke von 1,5 bis 3 cm hat, sitzt oft exzentrisch oder sogar seitlich am Hut.

Standort Die häufige Art kommt auf abgestorbenen Nadelholzstümp-fen vor, besonders auf solchen von Fichten und Kiefern, wo sie oft in Bü-scheln wächst; die Fruchtkörper erscheinen zwischen Juli und Oktober.

Wert Ungenießbar.

Verwechslungsmöglichkeiten Die Art kann eigentlich mit keinem anderen Pilz verwechselt werden. Am ähnlichsten sieht noch der giftige **Kahlen Krempling** (*Paxillus involutus,* S. 190) aus, den man aber leicht vom Samtfußkrempling unterscheiden kann, da ihm der typische braun-samtige Stiel fehlt.

Samtfußkrempling

P

INFO

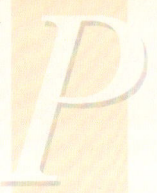

Seinen umgangssprachlichen Namen erhielt dieser Pilz wegen des typischen „umgekrempelten" Randes, der nicht nur bei jungen Exemplaren vorhanden ist und an dem man alle Kremplinge gut erkennen kann.

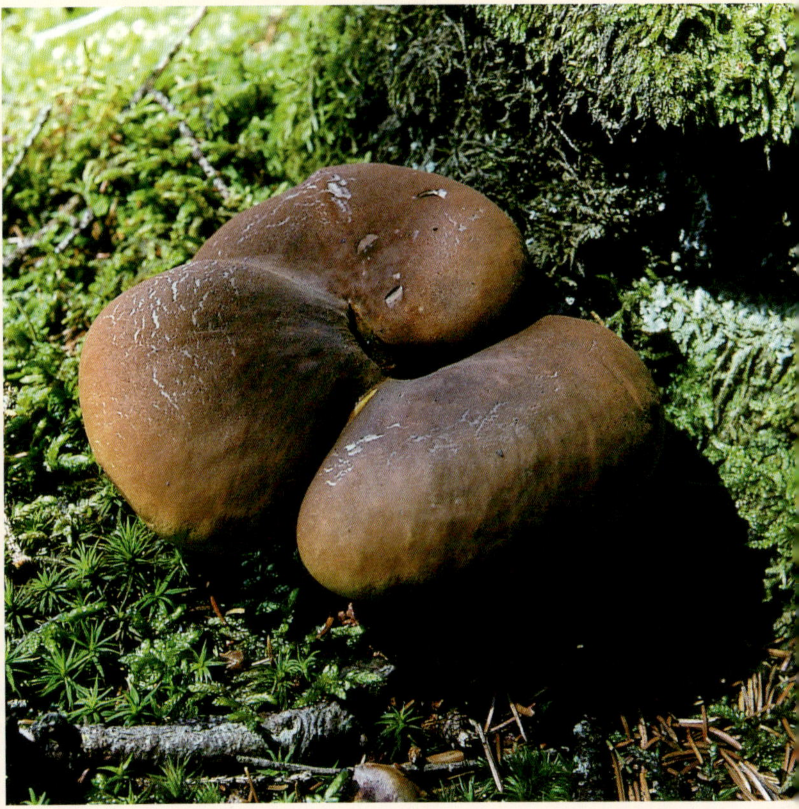

Paxillus involutus..........

Merkmale Der anfangs leicht gewölbte, später abgeflachte oder niedergedrückte Hut hat einen Durchmesser von 4–12 cm; der Rand ist eingerollt, anfangs sehr stark, später etwas weniger. Die Färbung kann gelblich, ocker-, rot- oder olivbraun sein; Druckstellen laufen dunkel an. Die

Lamellenpilze

Kahler Krempling, Empfindlicher Krempling

Huthaut ist jung filzig, im Alter weitgehend kahl. Das anfangs gelbe, leicht säuerlich riechende Fleisch wird später oft bräunlich. Die gedrängt stehenden, gegabelten oder netzartig verzweigten Lamellen, die etwas am Stiel herablaufen, sind leicht vom Hut abtrennbar; ihre Farbe ist gelblich bis oliv, bei Druck laufen sie bräunlich an. Die ovalen, glatten Sporen haben eine Größe von 7–10 × 5–6 µm; das Sporenpulver ist rostbraun. Der zylindrische, sich an der Basis verjüngende Stiel ist 4–6 cm lang und 1–2 cm dick und von ähnlicher Farbe wie der Hut; Druckstellen verfärben sich dunkel.

Standort Die häufige Art kommt in Laub- und Nadelwäldern, aber auch Parks und Gärten vor; die Fruchtkörper erscheinen zwischen Juli und Oktober.

Wert Die unverwechselbare Art sollte keinesfalls gegessen werden, auch wenn viele Pilzsammler immer noch von der Harmlosigkeit des Kremplings überzeugt sind.

INFO *Dieser Pilz enthält zwar kein Gift, aber da der menschliche Organismus Antikörper gegen einige seiner Inhaltstoffe bildet, kann es, wenn der Krempling häufiger verzehrt wird, zu einer Überreaktion auf den Antigen-Antikörper-Komplex kommen, nicht selten verbunden mit einem Zerfall der roten Blutkörperchen.*

Pleurotus ostreatus ......

Merkmale Die 5–15 cm großen, fleischigen Hüte dieses Pilzes, von denen normalerweise mehrere dachziegelartig übereinander angeordnet sind, haben eine typische Muschelform; die Huthaut ist glatt, kahl und glänzend, stahl- oder blaugrau, manchmal auch oliv bis bräunlich oder schwarzviolett. Das weiße Fleisch kann bei sehr alten Exemplaren zäh sein; die weißlichen oder cremefarbenen Lamellen sind herablaufend, gedrängt, ungleich lang und manchmal miteinander verwachsen. Die länglich-ovalen Sporen haben eine Größe von 8–12 × 3–4 µm, das Sporenpulver ist weißlich oder leicht violett. Der weißliche, zylindrische, an der Basis häufig filzige Stiel, der 6–12 cm lang und 1–3 cm dick ist, sitzt normalerweise asymmetrisch am Hut.

Standort Die häufige Art kommt von Oktober bis Dezember (oft sogar bis in den Februar) auf lebenden und abgestorbenen Laubbäumen, vorzugsweise Buchen, Pappeln und Weiden vor; Nadelbäume werden nur selten besiedelt.

Wert Guter Speisepilz.

Verwechslungsmöglichkeiten In einigen Bestimmungsbüchern werden einzelne Farbvarianten als eigenständige Arten abgegrenzt, etwa der **Taubenblaue Seitling** (*Pleurotus columbinus*) oder der hellhütige **Eichenseitling** (*Pleurotus dryinus*). Die Unterschiede sind allerdings gering; Auswirkungen auf die Genießbarkeit und Speisequalität sind damit nicht verbunden.

..Austernseitling, Kalbfleischpilz

TIPP Der Austernseitling lässt sich auch im eigenen Garten auf Holzstämmen kultivie-
ren, so dass bei guter Planung während
eines großen Teils des Jahres frische Pilze
zur Verfügung stehen.

Russula aeruginea

Merkmale   Der halbkugelige, später gewölbte, schließlich flach ausgebreitete und eingesenkte Hut hat einen Durchmesser von 5–12 cm; die
Färbung ist grün bis graugrün oder oliv, kann am Rand aber etwas heller
sein. Die radialfaserige Huthaut lässt sich nur bis zur Hälfte oder zu zwei

Lamellenpilze

Grasgrüner Täubling

Dritteln abziehen. Das zunächst weißliche, später auch graue Fleisch ist jung fest, im Alter dagegen oft mürbe; frisch gesammelte Pilze schmecken scharf, später verliert sich die Schärfe etwas. Die sehr gedrängt stehenden, zuweilen gegabelt oder adrig verbundenen Lamellen, die am Stiel herablaufen, sind anfangs weiß, später auch gelblich. Die annähernd kugeligen, kurz stacheligen oder warzigen Sporen haben eine Größe von 6–8 × 6–7 µm, das Sporenpulver ist cremefarben; der weiße, an der Basis manchmal rostfleckige, zylindrische Stiel ist 5–8 cm lang und 1–2 cm dick.

Standort Die sehr häufige Art, die in Laub- und Mischwäldern, aber auch in Parks und an Wegrändern vorkommt, wächst gern unter Birken, vor allem, wenn der Boden dort sauer ist; die Fruchtkörper erscheinen zwischen Juli bis Oktober.

Wert Mittelmäßiger Speisepilz, dessen anfängliche Schärfe sich beim Kochen verliert. Für empfindliche Personen kann er unbekömmlich sein.

TIPP *Weil die Art eine gewisse Ähnlichkeit mit dem ebenfalls grünen, tödlich giftigen Grünen Knollenblätterpilz (Amanita phalloides, S. 96) hat, aber auch, weil der Grasgrüne Täubling unter Umständen unbekömmlich sein kann, wird von einem Verzehr dieses geschmacklich unbedeutenden Pilzes abgeraten.*

Russula cyanoxantha.....

Merkmale Der anfangs halbkugelige, später gewölbte und schließlich flach ausgebreitete und niedergedrückte Hut hat einen Durchmesser von 5–18 cm. Seine Färbung kann stark variieren. So ist er jung oft schiefergrau, später violett, grün, ockergelb, oliv, bläulich, bräunlich oder schwarzviolett, manche Exemplare zeigen aber auch eine Mischung der genannten Farben. Die abziehbare Huthaut wird bei Regen schmierig; der Rand ist jung eingerollt, später scharfkantig. Das weißliche Fleisch kann unter der Huthaut leicht rötlich sein; die gedrängt stehenden, oft gegabelten, weißlichen Lamellen, die am Stiel herablaufen verkleben bei Berührung (bei anderen Täublingen splittern sie). Die annähernd runden Sporen haben eine Größe von 7–10 × 7–8 μm; das Sporenpulver ist weiß. Der weiße, zylindrische oder leicht bauchige Stiel, der 4–12 cm lang und 2–3 cm dick ist, kann im Alter oft schwammig und außerdem leicht violett oder rötlich angelaufen sein.

Standort Die häufige Art kommt in Laubwäldern vorzugsweise unter Buchen und Eichen vor, man findet sie aber manchmal auch in Nadelwäldern; die Fruchtkörper erscheinen zwischen Juni und November.

Wert Essbar. Die Art gehört nicht nur zu den häufigsten, sondern auch zu den schmackhaftesten Täublingen.

TIPP *Beim Sammeln dieser Art ist eine gewisse Vorsicht geboten, weil grüne Exemplare des sehr variabel gefärbten Frauentäublings von unerfahrenen Sammlern mit dem tödlich giftigen* **Grünen Knollenblätterpilz** *(Amanita phalloides, S. 96) verwechselt werden könnten.*

Russula decolorans.........

Lamellenpilze

...*Orangeroter Graustieltäubling*

Merkmale Der anfangs fast kugelige, später abgeflachte Hut, der einen Durchmesser von 5–12 cm hat, ist normalerweise orange- bis ziegelrot; besonders ältere Exemplare können allerdings auch etwas ausgeblasst sein. Die Huthaut ist bei Regen klebrig oder leicht schmierig, der Rand zumeist sehr dünn; das weißliche, unter der Huthaut manchmal auch leicht gelbliche Fleisch kann sich beim Durchschneiden oder im Alter grau bis schwärzlich verfärben. Die freien, gedrängt stehenden, bauchigen und etwas brüchigen Lamellen sind anfangs hell-, später buttergelb; die Schneide ist oft grau oder schwärzlich verfärbt, besonders an Druckstellen. Die elliptischen Sporen haben eine Größe von 8–12 × 7–8 µm, das Sporenpulver ist hell-locker; der zylindrische Stiel, der eine Länge von 2–8 cm und eine Dicke von 1–3 cm hat, ist weiß, bekommt aber im Alter zumeist eine graue Äderung.

Standort Die häufige Art kommt hauptsächlich in Nadelwäldern mit saurem Boden vor, wo man sie oft zwischen Heidekraut oder Heidelbeeren findet; die Fruchtkörper erscheinen zwischen Juli und Oktober.

Wert Guter Speisepilz.

TIPP *Der Orangerote Graustieltäubling kann mit dem ungenießbaren Ockertäubling (R. ochroleuca), aber auch mit anderen ungenießbaren Täublinge verwechselt werden. Ein recht gutes Erkennungsmerkmal ist, dass sich die essbaren von den ungenießbaren Arten durch ihren milden Geschmack abgrenzen lassen, so dass man stets eine Geschmacksprobe machen sollte (zum Probieren reicht ein winziges Stück).*

Russula emetica

Merkmale Der gewölbte, später flach ausgebreitete und niedergedrückte Hut, der einen Durchmesser von 4–10 cm hat, ist normalerweise leuchtend rot. Da er leicht ausgeblasst, können ältere Exemplare aber auch ockergelb, rosa oder weißfleckig aussehen; die Huthaut ist leicht abziehbar. Das brüchige Fleisch hat eine weiße, unter der Huthaut auch rötliche Färbung; die gedrängt stehenden, freien oder leicht angehefteten Lamellen sind weiß, manchmal auch gelb oder grünlich überlaufen. Die stacheligen, elliptischen bis rundlichen Sporen haben eine Größe von 7–11 × 7–9 μm; das Sporenpulver ist weiß. Der zylindrische, oft keulig verdickte, im Alter zumeist hohle Stiel hat eine Länge von 3–10 cm und eine Dicke von 1–2 cm; er ist weiß, an der Basis auch rosafleckig und manchmal leicht runzlig.

Standort Die häufige Art kommt vorzugsweise in feuchten Laub- und Nadelwäldern vor; die Fruchtkörper erscheinen zwischen Juli und November.

Wert Giftig; besonders roh verzehrte Exemplare können starke Verdauungsbeschwerden verursachen.

TIPP *Die Art kann leicht mit essbaren Täublingen verwechselt werden, etwa dem Apfeltäubling (Russula paludosa, S.202), dessen Stiel aber normaler-weise rötlich überlaufen ist oder dem ebenfalls essbaren Heringstäubling (R. xerampelina), dessen Fleisch bei Verletzung bräunlich anläuft und der unverkennbar nach Heringslake riecht. Daher sollten unerfahrene Sammler ihre Bestimmung anfangs von einem Experten überprüfen lassen.*

Lamellenpilze

Speitäubling, Kirschroter Täubling

Russula paludosa...........

TIPP

Hüten muss man sich vor einer Verwechslung mit dem giftigen **Speitäubling** (*Russula emetica*, S. 200), dessen Sporenpulver weiß ist. Bei Täublingen gilt die Faustregel: mild schmeckende Arten sind ungiftig, vor scharf schmeckenden Arten sollte man sich hüten.

Lamellenpilze

Apfeltäubling

Merkmale Der anfangs halbkugelige, später gewölbte und manchmal gebuckelte, schließlich ausgebreitete und oft niedergedrückte Hut hat einen Durchmesser von 8–15 cm. Er ist leuchtend orange- oder scharlachrot, manchmal gelblich ausblassend und in der Mitte oft dunkler, etwa grünlich oder schwarz. Die glänzend und schmierig wirkende Huthaut lässt sich vom Rand her bis zu zwei Dritteln leicht abziehen; der Rand ist anfangs glatt, später häufig gerieft. Das brüchige, weiße, unter der Huthaut auch rötliche und manchmal leicht grau anlaufende Fleisch hat einen milden Geschmack; die gedrängt stehenden, häufig gegabelten Lamellen können leicht am Stiel angewachsen oder auch frei sein. Sie haben eine weiße, im Alter auch buttergelbe Farbe, sind ziemlich dünn und splittern leicht. Die elliptischen, warzigen Sporen haben eine Größe von 8–12 × 6–8 µm; das Sporenpulver ist ockerfarben. Der Stiel hat eine Länge von 6–10 cm lang und eine Dicke von 1,5–3 cm; er ist zylindrisch, am Grunde oft ein wenig keulig verdickt oder bauchig. Das weiße, stellenweise auch rötlich überlaufene Fleisch ist anfangs fest, im Alter oft auch ziemlich schwammig.

Standort Die Art kommt in feuchten Nadelwäldern vor, wo sie gern zwischen Heidelbeeren oder im Moos wächst. Häufiger ist sie nur in bestimmten Regionen, auf Kalkboden fehlt sie völlig. Die Fruchtkörper erscheinen zwischen Juni und Oktober.

Wert Guter Speisepilz.

Russula sardonia

Synonym *Russula drimeia*

Merkmale Der anfangs halbkugelige, später gewölbte und häufig gebuckelte, schließlich ausgebreitete und niedergedrückte Hut, der einen
Durchmesser von 4–10 cm hat, ist zumeist violett bis purpurfarben, es
gibt aber auch blutrot oder rotbraun gefärbte Exemplare. Die ange-
wachsene, trocken matt wirkende und feucht klebrige Huthaut lässt
sich ganz am Rand etwas ablösen. Das Fleisch ist anfangs weißlich, später gelb bis ocker, unter der Huthaut auch rosa oder leicht purpurn und
von scharfem Geschmack. Die gedrängt stehenden, manchmal auch
gegabelten Lamellen, die am Stiel angewachsen sind, haben eine zunächst hellgelbe, dann zitronen- und im Alter auch buttergelbe Färbung. Die fast rundlichen bis eiförmigen und netzartig ornamentierten
Sporen sind 7–9 × 6–7 µm groß; das Sporenpulver ist hell ockerfarben.
Der zylindrische Stiel hat eine Länge von 3–8 cm und eine Dicke von
1,5 bis 2,5 cm; er ist zunächst weiß, verfärbt sich dann aber schnell rot-
violett oder auch graurot („Säufernase").

Standort Die gebietsweise häufige Art kommt vorzugsweise in Kiefernwäldern mit saurem Sandboden vor; die Fruchtkörper erscheinen zwischen September und November.

Wert Giftverdächtig.

Verwechslungsmöglichkeiten Mit dem ebenfalls nicht zu Speise-
zwecken geeigneten **Stachelbeertäubling** (*R. queletii*), der vorzugsweise
in Fichtenwäldern vorkommt und süßlich nach Stachelbeerkompott
riecht.

Zitronenblättriger Täubling

TIPP

Auch wenn die Art in älteren Pilzbüchern manchmal noch als gekocht essbar beschrieben wird, sollte man auf den Verzehr dieses Pilzes verzichten, genau wie auf alle anderen, scharf schmeckenden Täublinge.

Merkmale Der kugelige, später gewölbte und schließlich ausgebreitete bis niedergedrückte Hut hat einen Durchmesser von 6–12 cm. Die Färbung kann stark variieren. Typische Speisetäublinge sind fleischrot, es gibt aber auch Exemplare mit braunroten, leicht violetten, graurosa, dunkel

...Speisetäubling

ockerfarbenen oder graufleckigen Hüten; die Huthaut ist nur bis etwa zur Hälfte leicht abziehbar. Das weißliche Fleisch bekommt oft gelbe oder bräunliche Flecken; die gedrängt stehenden, zuweilen gegabelten, normalerweise angewachsenen, manchmal aber auch leicht am Stiel herablaufenden Lamellen sind weißlich bis cremefarben und an der Schneide häufig rostartig gefleckt. Die kugeligen Sporen haben eine Größe von 6–8 × 5–6 µm; das Sporenpulver ist weißlich. Der brüchige, im Alter zumeist schwammige, zylindrische Stiel ist 3–8 cm lang und 1–3 cm dick; seine Färbung ist weiß, im unteren Teil oft auch gelb- oder rostfleckig.

Standort Die häufige Art kommt vorzugsweise in Laubwäldern und dort hauptsächlich unter Eichen und Buchen vor; die Fruchtkörper erscheinen normalerweise zwischen Juni und Oktober, manchmal aber auch schon im Mai.

Wert Guter Speisepilz.

TIPP *Der Speisetäubling darf nicht mit rothütigen, aber scharf schmeckenden Täublingen verwechselt werden, etwa dem giftigen **Speitäubling** (Russula emetica, S. 200). Andere essbarer Täublinge mit einem rötlichen Hut sind der **Apfeltäubling** (Russula paludosa, S. 202), dessen Stiel normalerweise rötlich überlaufen ist, oder der **Heringstäubling** (R. xerampelina), dessen Fleisch bei Verletzung bräunlich anläuft und der unverkennbar nach Heringslake riecht.*

Sarcodon imbricatus....

Merkmale Der anfangs flach gewölbte, später ausgebreitete und zumeist niedergedrückte, manchmal auch leicht gebuckelt oder trichterförmig vertiefte Hut hat einen Durchmesser von 6–18 cm und eine graubraune, oft auch dunkel- bis schwarzbraune Färbung. Die Huthaut ist schon bei jungen Exemplaren mit grob abstehenden Schuppen bedeckt, die ein wenig an ein Habichtsgefieder erinnern; der Rand ist anfangs eingerollt und später normalerweise wellig verbogen. Das ziemlich feste Fleisch kann weißlich, grau oder auch bräunlich sein, die Stacheln an der Hutunterseite sind 5–12 mm lang, am Stiel herablaufend und jung weißlich bis grau, später zumeist bräunlich. Die rundlichen, mit kleinen Höckern bedeckten Sporen haben eine Größe von 6–7 × 5–6 µm; das Sporenpulver ist braun. Der 4–8 cm lange und 1,5–3 cm dicke, zylindrische, grau- oder orangebraune Stiel ist zuweilen exzentrisch am Hut angewachsen und an der Basis manchmal etwas verdickt; bei älteren Exemplaren kann er hohl sein.

Standort Die Art kommt in Nadelwäldern vor, wo sie oft in Ringen oder Reihen wächst. Besonders in höheren Lagen kann sie relativ häufig sein; die Fruchtkörper erscheinen zwischen August und November.

Wert Jung gekocht essbar.

Verwechslungsmöglichkeiten Mit dem ungenießbaren **Gallenstacheling** (*S. scabrosum*), der aber kleinere und dichter anliegende Schuppen sowie eine schwärzliche Stielbasis hat.

...Habichtspilz, Rehpilz, Hirschschwamm

TIPP Der Habichtspilz darf nur gekocht verzehrt werden, da rohe Pilze Verdauungsbeschwerden hervorrufen können.
Ältere Exemplare sind zumeist bitter
und madig.

Synonyme *Agaricus equestris, Tricholoma flavovirens, T. auratum*

Merkmale Der gewölbte, später flach ausgebreitete und stumpf gebuckelte Hut hat einen Durchmesser von 5–10 cm und ist olivgelb bis olivgrün, in der Hutmitte auch rötlich oder braun. Das weiße Fleisch, das

Lamellenpilze

unter der Huthaut ein wenig gelblich sein kann, hat einen leicht mehlartigen Geruch; die gedrängt stehenden, schwefelgelben Lamellen sind ausgebuchtet am Stiel angewachsen. Die elliptischen Sporen haben eine Größe von 6–8 × 3–3,5 μm; das Sporenpulver ist weiß. Der zylindrische, jung oft auch bauchige Stiel hat eine Länge von 3–7 cm und eine Dicke von 1–2 cm; er ist schwefelgelb (in Hutnähe auch weißlich) und manchmal mit einzelnen braunen Schuppen bedeckt.

Standort Die Art kommt hauptsächlich in Nadelwäldern mit Sandboden und dort besonders unter Kiefern vor; die Fruchtkörper findet man von Oktober bis in den Winter.

Wert Wohlschmeckender Speisepilz, dessen Huthaut man vor der Zubereitung abziehen sollte.

Verwechslungsmöglichkeiten Mit dem giftigen **Schwefelgelben Ritterling** (*Tricholoma sulphurum*, S. 218), der allerdings gelbes Fleisch hat und unangenehm nach Phenol (Karbid) riecht. Der tödlich giftige **Grüne Knollenblätterpilz** (*Amanita phalloides*, S. 96) kann farblich ähnlich aussehen, unterscheidet sich aber deutlich durch den beringten Stiel und die knollige, von einer *Volva* umgebene Stielbasis.

Synonyme *Tricholoma pardinum, T. trigrinum*

TIPP Diese Pilze sind oft so tief im Sand verborgen, dass man sie kaum erkennen kann. Da ihr Vorkommen in den letzten Jahren rückläufig zu sein scheint, sollte man sie möglichst verschonen. Zu beachten ist auch, dass der Grünling nicht in Verbindung mit Alkohol verzehrt werden darf.

Tricholoma pardolatum

Merkmale Der halbkugelige bis glockige, später ausgebreitete und leicht gebuckelte Hut, der einen Durchmesser von 6–12 cm hat, ist grau bis graubraun, manchmal auch schwach violett und an Druckstellen leicht bräunlich gefärbt. Auf der Huthaut sitzen grobe, dachziegelartige Schuppen; das leicht nach Mehl riechenden Fleisch ist weiß, unter der Huthaut auch grau und an der Stielbasis oft gelblich oder rötlich. Die gedrängt stehenden, ausgebuchtet am Stiel angewachsenen Lamellen, die relativ breit sind und oft wasserklare Tropfen („Tränen") ausscheiden, haben eine weiße, gelbliche oder auch olivgraue Färbung. Die ovalen Sporen sind von 8–10 × 5–7 μm groß; das Sporenpulver ist weiß. Der zylindrische Stiel ist 5–8 cm lang und 1–4 cm dick, weißlich oder leicht ockerfarben und zeigt im unteren Teil häufig rostfarbene Flecken.

Standort Die Art kommt hauptsächlich in Laub- und Nadelwäldern mit Kalkboden vor. Sie ist insgesamt nicht sehr verbreitet, auch wenn sie in manchen Gegenden häufig auftritt. Die Fruchtkörper erscheinen zwischen August und Oktober.

Wert Giftpilz, der schwere Darmverstimmungen hervorrufen kann.

Verwechslungsmöglichkeiten Mit anderen grauen Ritterlingen etwa dem Schwarzfaserigen Ritterling (*Tricholoma portentosum*, S. 214), dessen Huthaut eine schwärzliche Radialstreifung aufweist oder der Grauen Erdritterling (*T. terreum*, S. 220), der nicht nach Mehl riecht. Beide sind essbar.

...Tigerritterling

INFO Ritterlinge, unter denen es eine Reihe giftiger Arten gibt, sind schwer zu bestimmen
und sollten daher nur von erfahrenen Pilzsammlern gesammelt werden.

Tricholoma ....
portentosum

Merkmale Der anfangs gewölbte, später flach ausgebreitete und gebuckelte Hut hat einen Durchmesser von 5–14 cm. Er ist hell bis dunkelgrau, manchmal mit grünlichen oder gelben Schattierungen; die Huthaut hat eine auffällige schwärzliche, etwas erhabene, radialstrahlige Faserung. Das

Lamellenpilze

Schwarzfaseriger Ritterling, Rußkopf

weißliche, unter der Huthaut auch graue Fleisch riecht leicht nach Mehl; die entfernt stehenden Lamellen sind ausgebuchtet angewachsen, ihre Farbe ist weißlich, im Alter können sie auch gelb oder grünlich überlaufen sein. Die rundlichen bis kurz elliptischen Sporen haben eine Größe von 5–6 × 4–5 µm; das Sporenpulver ist weiß. Der zylindrische, im Alter oft hohle Stiele hat eine Länge von 6–12 cm und eine Dicke von 1–3 cm; er ist weißlich, kann aber manchmal gelb oder grünlich überlaufen sein.

Standort Die inzwischen recht seltene Art kommt in Laub- und Nadelwäldern vor, wobei sandige Kiefernwälder bevorzugt werden; die Fruchtkörper erscheinen zwischen September und Dezember.

Wert Guter Speisepilz. Wird er bei feuchtem Wetter gesammelt, sollte man die schmierige Huthaut vor der Zubereitung unbedingt abziehen.

Verwechslungsmöglichkeiten Mit dem leicht giftigen **Brennenden Ritterling** (T. virigatum). Auch er kommt hauptsächlich in Nadelwäldern vor und zeigt ebenfalls eine schwärzliche Radialfaserung. Erkennen lässt er sich an seinem spitzkegligen Buckel und den grauweißen Lamellen mit schwarzer Scheide.

INFO Die Bestände des Schwarzfaserigen Ritterling sind in den letzten Jahren stark zurückgegangen, so dass man diese Art möglichst verschonen sollte.

Tricholoma saponaceum

Merkmale Der anfangs halbkugelige, später flach ausgebreitete und zumeist unregelmäßig gelappte Hut hat einen Durchmesser von 4 bis 12 cm; die Färbung reicht von weiß über grau und grünlich bis zu rötlichen oder bräunlichen Tönen. Die Huthaut ist feucht oft etwas schmierig, trocken kann sie dagegen schuppig aufgeplatzt sein; der dünne Rand bleibt lange eingerollt. Das weiße Fleisch läuft beim Durchschneiden nach einiger Zeit rötlich an (besonders im Stiel), der Geruch erinnert an Seifenlauge (bei frischen Exemplaren oft nicht sehr ausgeprägt). Die entfernt stehenden Lamellen sind ausgebuchtet angewachsen, relativ dick und weißlich bis cremefarben, laufen bei Druck aber auch häufig rot an. Die kurzen elliptischen Sporen haben eine Größe von 5–6 × 3–4 µm; das Sporenpulver ist weiß. Der zylindrische oder bauchige und oft gebogene Stiel ist 4–10 cm lang und 1–2 cm dick; seine Farbe ähnelt der des Hutes.

Standort Die häufige Art kommt in Laub- und Nadelwäldern vor; die Fruchtkörper erscheinen zwischen September und November.

Wert Giftig. Die Art enthält blutzersetzende Substanzen und soll roh außerdem Verdauungsbeschwerden verursachen.

TIPP Da dieser Pilz sehr variabel gefärbt ist, lässt er sich nur schwer bestimmen. Dazu kommt, dass der typische und eigentlich unverkennbare Geruch, ebenso wie die rötliche Verfärbung nach dem Durchschneiden erst einige Zeit nach dem Sammeln auftreten. Anfänger sollten beim Verzehr von Ritterlingen generell sehr vorsichtig sein, da es in dieser Gattung zahlreiche giftige und ungenießbare Arten gibt.

Lamellenpilze

Tricholoma sulphureum

Merkmale Der anfangs gewölbte, später abgeflachte und zumeist gebuckelte, im Alter manchmal auch stark unregelmäßig verbogene Hut hat einen Durchmesser von 2–7 cm. Die zumeist fein samtige oder leicht faserige Huthaut ist schwefelgelb, in der Mitte oft auch bräunlich oder dunkel oliv; der Rand bleibt lange eingerollt. Das schwefelgelbe Fleisch hat

Lamellenpilze

eine unangenehm gasartigen Geruch; die entfernt stehenden Lamellen
sind ausgebuchtet angewachsen, relativ dick, aber zerbrechlich und von
schwefelgelber Färbung. Die elliptischen Sporen haben eine Größe von
8–11 × 5–6 µm; das Sporenpulver ist weiß. Der 4–8 cm lange und 0,5 bis
1,5 cm dicke, zylindrische oder auch leicht keulig verdickte Stiel ist anfangs vollfleischig, später häufig hohl und ebenfalls schwefelgelb, aber zumeist bräunlich überfasert.

Standort Die nicht seltene Art kommt hauptsächlich in Laubwäldern
und dort gern unter Buchen und Eichen vor; die Fruchtkörper erscheinen
zwischen August und Oktober.

Wert Dieser Pilz ist roh giftig, aber wegen des widerlichen Geruches
auch gekocht ungenießbar.

TIPP

*Der Schwefelritterling kann leicht mit
dem essbaren und wohlschmeckenden
Grünling (Tricholoma equestre, S. 210)
verwechselt werden, der farblich ganz
ähnlich aussieht, aber nach Mehl riecht
und gedrängt stehende Lamellen hat.
Außerdem gibt es eine braune Variante
des Schwefelritterlings, der sich mit dem
braunen Ritterlingen verwechseln lässt,
so dass man beim Sammeln dieser Pilze
keinesfalls auf die Geruchsprobe verzichten sollte.*

Tricholoma terreum

Merkmale Der anfangs gewölbte bis glockige oder kegelige, später ausgebreitete und zumeist gebuckelte Hut hat eine schiefer- bis dunkelgraue oder nahezu schwarze Färbung und einen Durchmesser von 3–8 cm; die Huthaut ist matt, faserig bis feinschuppig und im Alter oft strahlenartigen eingerissen. Dem grauweißen, sehr dünnen Fleisch fehlt ein typischer Geruch; die entfernt stehenden, ausgebuchtet angewachsenen Lamellen sind relativ zerbrechlich und weiß- bis aschgrau gefärbt. Die kurzen elliptischen Sporen haben eine Größe von 5–7 × 4–5 µm; das Sporenpulver ist weiß. Der zylindrische, am Grund häufig zugespitzte Stiel besitzt eine Länge von 4–8 cm und eine Dicke von 0,8–1,5 cm; er ist anfangs vollfleischig, später oft sehr zerbrechlich und weiß bis grauweiß.

Standort Die nicht seltene Art kommt hauptsächlich in Nadelwäldern, besonders Kiefernwäldern mit Kalkboden vor, manchmal aber auch in Parks oder Gärten; die Fruchtkörper findet man von August bis zu den ersten stärkeren Nachtfrösten im November oder Dezember.

Wert Guter Speisepilz.

Verwechslungsmöglichkeiten Mit dem giftigen **Tigerritterling** (*Tricholoma pardolatum*, S. 212), der allerdings leicht nach Mehl riecht und gedrängt stehende Lamellen besitzt.

TIPP

Der Erdritterling ist ein wohlschmeckender und durchaus empfehlenswerter Speisepilz, der aber, wie viele Ritterlinge, nicht ganz einfach zu bestimmen ist. Und da es unter den Ritterlingen zahlreiche giftige und ungenießbare Arten gibt, sollten sich unerfahrene Sammler anfangs beim Bestimmen helfen lassen.

Lamellenpilze

Erdritterling, Grauer Erdritterlingg

Tricholoma vaccinum...

Lamellenpilze

222

...*Bärtiger Ritterling,*
Zottiger Ritterling

Merkmale Der anfangs glockige oder kegelig gewölbte, später ausgebreitete und – zumindest bei jungen Exemplaren – deutlich gebuckelte Hut hat einen Durchmesser von 3–8 cm und eine rotbraune Färbung. Die Huthaut ist mit groben, fadenförmigen Schuppen bedeckt; der lange eingerollte Rand wirkt durch die überstehende Huthaut ein wenig bärtig, was dem Pilz seinen Namen eingebracht hat. Das bitter schmeckende und erdig riechende Fleisch ist weißlich, in Hutnähe oder im Alter manchmal auch stellenweise rötlich. Die entfernt stehenden Lamellen sind ausgebuchtet angewachsen, ungleich lang und jung weißlich bis cremefarben, später auch fleischfarben oder gar rotfleckig. Die rundlichen bis ovalen Sporen haben eine Größe von 5–7 × 3,5–4,5 μm; das Sporenpulver ist weiß. Der zylindrische, im unteren Teil rotbraune und in Hutnähe weißliche Stiel hat eine Länge von 4–10 cm lang und Dicke von 1–2 cm; er ist anfangs vollfleischig, aber schon sehr bald unregelmäßig hohl und dann relativ zerbrechlich, die Oberfläche wirkt fein faserschuppig.

Standort Die Art kommt hauptsächlich in Nadelwäldern mit Kalkboden und dort besonders unter Fichten vor. Im Süden ist der Bärtige Ritterling stellenweise häufig, in Norddeutschland eher zerstreut oder fehlend; die Fruchtkörper erscheinen zwischen Juli und Oktober.

Wert Wegen des bitteren Geschmacks ungenießbar.

TIPP *Die Art ist durch den „bärtigen" Hutrand gut von anderen Ritterlingen zu unterscheiden. Bei sehr alten Exemplaren geht diese Eigenart aber manchmal verloren, so dass die Bestimmung schwieriger ist.*

Aleuria aurantia

Synonyme *Pezizia coccinea, P. aurantia*

Merkmale Der normalerweise ungestielte, anfangs kelch- oder schüsselförmige, später ausgebreitete und wellig verbogene oder gelappte Fruchtkörper hat einen Durchmesser von 5–10 cm. Die Innenseite ist leuchtend orangerot bis gelborange gefärbt, die Außenseite kann etwas heller sein und außerdem mehlig bereift. Das Fleisch ist sehr dünn, wachsartig und ziemlich brüchig; die elliptischen, netzartig ornamentierten Sporen haben eine Größe von 16–20 × 10–12 μm.

Standort Die häufige Art kommt an offenen Standorten mit freien, relativ feuchtem Bodenflächen vor, etwa an Böschungen oder auf neu angelegten Waldwegen. Oft findet man die Pilze zwischen Gras und Moos, und sie wachsen außerdem gern in Gruppen; die Fruchtkörper erscheinen zwischen Juli und Oktober.

Wert Essbar. Der Gewöhnliche Orangebecherling wird hauptsächlich als Suppenpilz verwendet.

Verwechslungsmöglichkeiten Aufgrund der ungewöhnlich leuchtenden Färbung praktisch unverwechselbar. Die Fruchtkörper wirken aus einiger Entfernung wie fortgeworfene Orangenschalen.

TIPP *Lauch entkernte Peperoni in feine Streifen schneiden, Möhre in Scheiben. Glasnudeln kochen (nach Packungsanweisung oder auch 10–15 Minuten). Parallel dazu etwas Brühe erhitzen, Lauch und Möhren dazugeben, 5 Minuten auf kleiner Flamme kochen lassen. Peperoni und gekochte Glasnudeln dazu, etwas andicken und mit Salz und Sojasoße abschmecken.*

Weitere Arten

Bovista nigrescens

INFO

Junge Fruchtkörper, bei denen die Gleba noch weiß ist, sind für den Verzehr geeignet. Allerdings gehört der Schwärzende Bovist nicht zu den besonders schmackhaften Pilzen.

Weitere Arten

Schwärzender Bovist, Eierbovist

Merkmale Die annähernd kugelförmigen, ungestielten Fruchtkörper haben einen Durchmesser von 3–10 cm. Sie bestehen aus einer weißen, etwas runzligen Außenhaut *(Exoperidie)*, die sich an Druckstellen braun verfärbt und einer darunter liegenden pergamentartigen Innenhaut *(Endoperidie)*, die beide dazu dienen, die ganz im Inneren befindliche Fruchtschicht *(Gleba)* zu schützen. Die Exoperidie bröckelt später eierschalenartig ab (daher auch der umgangssprachliche Name „Eierbovist"), und es kommt die dauerhafte, oft faltige, purpur- bis schwarzbraune Endoperidie zum Vorschein, die bei der Reife im Scheitel aufplatzt und die Sporen freigibt. Die Gleba ist anfangs vollfleischig und weiß, dann wässrig und gelblich bis oliv, bevor sie schließlich staubtrocken und purpurbraun wird. Die rundlichen, warzigen Sporen, die eine Größe von 5–6 µm haben, sind gut an einem etwa 5–8 µm langen Stielchen zu erkennen; das Sporenpulver ist braun.

Standort Die Art kommt in Laubwäldern, aber auch an Wegrändern oder auf Brachflächen vor. Die Pilze, die oft in Gruppen wachsen, sind im Flachland seltener als in höheren Lagen, wo sie durchaus häufig sein können; die Fruchtkörper erscheinen in der Regel zwischen Juni und September.

Wert Jung essbar.

Verwechslungsmöglichkeiten Ähnlich ist der jung ebenfalls essbare Bleigraue Zwergbovist *(B. plumbea)*, der sich hauptsächlich durch die bleigraue Innenhülle unterscheidet. Bei oberflächlicher Betrachtung könnte auch eine Verwechslung mit den jung ebenfalls essbaren Stäublingen *(Lycoperdon, S. 248–255)* vorkommen, deren Fruchtkörper allerdings gestielt sind.

Calvatia excipuliformis

Synonyme *Calvatia saccata, Lycoperdon saccatum, L. uteriforme*

Merkmale Die 5–20 cm hohen und 3–10 cm dicken Fruchtkörper bestehen aus einem deutlich abgesetzten, rundlichen Kopf und einem Stiel. Sie sind jung weiß bis cremefarben und bei der Reife gelb- bis olivbraun; die Oberfläche des Kopfes ist anfangs dicht mit feinen hellen Stacheln oder Warzen besetzt. Das Innere besteht aus einer zunächst weißen, bei älteren Exemplaren auch grünlichen oder dunkelbraunen Fruchtschicht (*Gleba*); zur Reifezeit zerfällt der Kopf und gibt die Sporen frei, während der sterile „Stiel" zurückbleibt. Die rundlichen, warzigen Sporen haben eine Größe von 4–6 µm; das Sporenpulver ist olivbraun.

Standort Die häufige Art kommt in Laub- und Nadelwäldern, manchmal auch auf Wiesen oder anderen Grasflächen vor; die Fruchtkörper erscheinen zwischen Juli und November.

Wert Jung essbar (solange das Innere des Fruchtkörpers noch weiß ist).

Verwechslungsmöglichkeiten Die Art ist nur schwer von dem zumeist etwas kleineren **Flaschenstäubling** (*Lycoperdon perlatum*, S. 252) zu unterscheiden, dessen Stacheln allerdings leicht abbrechen und dann ein netzartiges Muster hinterlassen. Er ist jung aber ebenfalls essbar. Der giftige Dickschalige Kartoffelbovist (*Scleroderma citrinum*, S. 274) sitzt ohne stielartige Verlängerung direkt auf dem Boden, der ungiftige Stinkende Stäubling (*Lycoperdon foetidum*, S. 250) und der jung essbare **Birnenstäubling** (*Lycoperdon pyriforme*, S. 254) unterscheiden sich durch den unangenehmen Geruch.

Weitere Arten

...Beutelstäubling

TIPP Die häufigste Form der Zubereitung besteht
darin, zunächst die Außenhülle zu entfernen,
um den Pilz dann in Scheiben zu schneiden
und diese paniert zu braten.

Craterellus cornucopioides

TIPP

Die Totentrompete wird hauptsächlich in getrockneter Form als Gewürzpilz für Soßen und Suppen verwendet. Da sie kein besonders wertvoller Speisepilz ist, und die Bestände in den letzten Jahren stark zurückgegangen sind, sollte man auf das Sammeln verzichten.

Weitere Arten

Totentrompete, Herbsttrompete

Merkmale Die 5–12 cm hohen, bis an die Stielbasis offenen, Frucht-körper sind trompeten- oder trichterförmig und an der Spitze nach au-ßen umgeschlagen, so dass sie dort einen Durchmesser von bis zu 8 cm haben können. Ihre Farbe ist grau- bis schwarzbraun, wobei sie im Alter zumeist dunkler sind als in der Jugend; besonders bei feuchtem Wetter wirken sie aber oft auch dunkelblau bis tiefschwarz. Der Rand ist unre-gelmäßig und wellig verbogen; die Außenseite des Fruchtkörpers ist an-fangs glatt, dann faltig oder gerunzelt und schließlich von einer weißen Sporenmasse bedeckt. Das sehr dünne und zähe Fleisch hat eine graue bis schwärzliche Farbe; die elliptischen Sporen sind 10–14 × 7–9 µm groß, das Sporenpulver ist weiß.

Standort Die Lehm- oder Kalkböden bevorzugende Art kommt haupt-sächlich in höher gelegenen Laubwäldern vor und dort vorzugsweise unter Buchen oder Eichen. Die Fruchtkörper erscheinen zwischen August und November.

Wert Essbar.

Verwechslungsmöglichkeiten Wegen des sehr typischen Ausse-hens lässt sich die Totentrompete nur mit wenigen Pilzen verwechseln, etwa mit der essbaren aber seltenen **Vollstieligen Kraterelle** *(Pseudo-craterellus sinuosus)* oder dem ebenfalls essbaren **Grauen Leistling** *(Can-tharellus cinereus)*. Ersterer unterscheidet sich durch den vollfleischigen Stiel, letztgenannte durch die deutlich erkennbaren Leisten auf der Unter-seite des Hutes und den pflaumenartigen Geruch.

Fistulina hepatica

Merkmale Der 10–30 cm breite und 2 bis 6 cm dicke, fleischige Frucht-körper ist zunächst zungen- bis nierenförmig, dann leberartig oder hut-förmig gelappt und an der Anwuchsstelle zumeist stielartig zugespitzt. Bei jungen Exemplaren ist die Oberseite orangefarben oder rosa; später ver-färbt sie sich blut- bis braunrot und schließlich dunkelbraun. An der Unterseite sind sehr feine Röhren vorhanden, deren Poren zunächst weiß bis gelblich und später rosa sind und die sich im Alter oder bei Druck oft auch bräunlich verfärben; junge Poren scheiden häufig rote Tropfen ab. Das dunkel blutrote, von helleren Fasern („Adern") durchzogene Fleisch ist zart und saftig; beim Anschneiden tritt ein blutroter Saft aus, so dass die Fruchtkörper ein wenig an tierisches Fleisch erinnern (daher auch der umgangssprachliche Name „Ochsenzunge"). Die rundlichen bis eiförmi-gen Sporen haben eine Größe von 4,5–5,5 × 3,5–4 µm; das Sporenpul-ver ist bräunlich.

Standort Die Art wächst auf lebenden Bäumen, vorzugsweise alten Eichen oder Rotbuchen; die Fruchtkörper erscheinen zwischen August und Oktober.

Wert Jung essbar. Je älter die Fruchtkörper sind, um so besser muss man sie kochen, damit die vorhandenen Gerbsäuren entfernt werden.

Verwechslungsmöglichkeiten Keine.

TIPP
Die Ochsenzunge ist nicht sehr häufig und kann aufgrund forstwirtschaftli-cher Maßnahmen — es handelt sich ja um einen Schadpilz — in bestimmten Regionen auch schon selten sein. Da der Speisewert nicht besonders hoch ist, sollte man auf den Verzehr mög-lichst verzichten.

Weitere Arten

Ochsenzunge,
Leberreischling, Leberpilz

Gomphus clavatus

Synonyme   *Cantharellus clavatus, Neurophyllum clavatum*

Merkmale   Der zur Basis hin stielartig verjüngte, 3–10 cm lange und an der Spitze bis 8 cm breite, dickfleischige Fruchtkörper ist kreiselförmig

Weitere Arten

Schweinsohr, Purpurleistling

oder keulenförmig mit eingesenkter Mitte. Junge Exemplare sind oberseits violett, später dann zumeist fleisch- oder ockerfarben; die Unterseite, die gegabelte, leistenartige Strukturen aufweist, ist zunächst purpurviolett, im Alter auch gelblich, ockerfarben oder leicht bräunlich. Der Rand sieht unregelmäßig und wellig verbogen aus, außerdem sind oft mehrere Exemplare büschlig miteinander verwachsen. Das dicke und weiche Fleisch ist weißlich, in ganz frischem Zustand auch leicht gelblich und manchmal etwas bitter. Die eiförmigen, feinwarzigen Sporen haben eine Größe von 10–12 × 4–5 µm; das Sporenpulver ist ockerfarben.

Standort Die zumeist in Büscheln wachsende und manchmal Hexenringe bildende Art kommt in Laub-, Nadel- und Mischwäldern vor, allerdings hauptsächlich in höheren Lagen und dort vorzugsweise unter Buchen und Fichten. Das Schweinsohr kann stellenweise häufig vorkommen, in manchen Gegenden fehlt es vollkommen; die Fruchtkörper erscheinen zwischen August und Oktober.

Wert Essbar und wohlschmeckend, aber oft madig.

Verwechslungsmöglichkeiten Wegen des sehr typischen Aussehens lässt sich das Schweinsohr eigentlich nicht mit anderen Pilzen verwechseln.

TIPP *Da der Bestand dieser Art in den letzten Jahrzehnten stets rückläufig gewesen ist, wurde die Art unter Schutz gestellt, so dass man sie unbedingt verschonen sollte.*

Gyromitra esculenta.....

Merkmale Der 3–9 cm hohe und bis zu 8 cm dicke, gelb-, rot- oder dunkelbraune, hirnartig gewundene Hut hat eine ziemlich unregelmäßige Form, kann also sowohl rundlich als auch lappig aussehen. Das wachsartige Fleisch hat eine sehr dünne und zerbrechliche Konsistenz; die elliptischen Sporen sind 19–23 × 9–12 µm groß. Der häufig gekammerte oder hohle Stiel ist 3–7 cm lang und 1,5–3,5 cm dick, von unregelmäßiger Form und manchmal verzweigt; seine Farbe kann weiß bis gelblich oder fleischfarben sein, gelegentlich wirkt er auch schwach violett überlaufen. Typisch ist außerdem seine längsgefurchte oder leicht runzlige Oberfläche.

Standort Die stellenweise häufige Art kommt vorzugsweise in Nadelwäldern mit Sandboden und dort besonders unter Kiefern vor; die Fruchtkörper erscheinen zwischen März und Mai.

Wert Giftig.

Verwechslungsmöglichkeiten Mit der **Spitzmorchel** (*Morchella conica*, S. 258) oder der **Speisemorchel** (*M. esculenta*, S. 260), die beide essbar sind und deren Fruchtkörper ebenfalls im Frühjahr gebildet werden. Allerdings ist der Hut bei diesen beiden Arten nicht gehirnartig gewunden, sondern hat wabenartige Längs- oder Querleisten. Für die nahe verwandte, aber sehr viel seltenere, giftverdächtige **Bischofsmütze** (*Gyromitra infula*, S. 238) sind die einzelnen Lappen des Hutes typisch.

INFO *Auch wenn der wissenschaftliche Name (esculenta = essbar) anderes vermuten lässt — bei dieser Art handelt es sich um einen gefährlichen Giftpilz, der schwere Schädigungen des Nervensystems und der Leber verursachen kann.*

Weitere Arten

236

Frühjahrslorchel, Stockmorchel

G

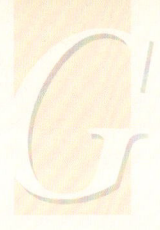

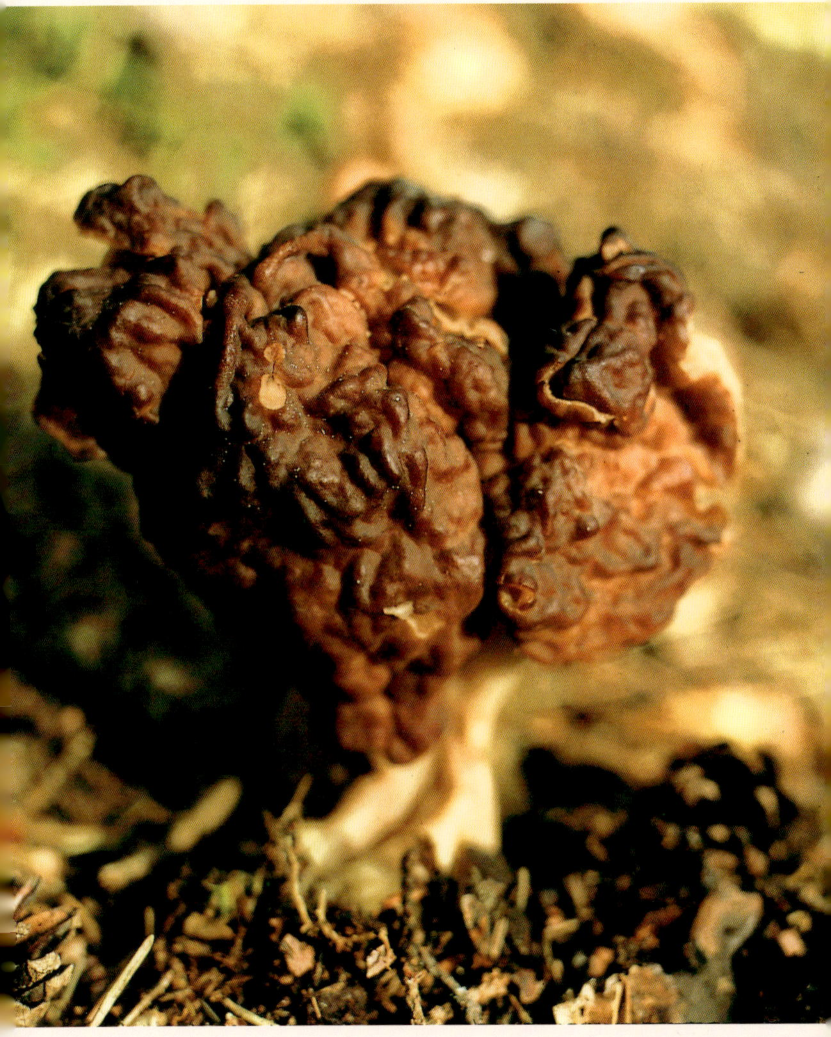

Gyromitra infula...............

INFO

Die Bischofsmütze, die früher häufig als essbar bezeichnet wurde, gilt heute als stark giftverdächtig. Daher muss vom Verzehr abgeraten werden, ganz abgesehen von der Tatsache, dass die Art nicht sehr verbreitet ist und schon aus diesem Grund geschont werden sollte.

Weitere Arten

...Bischofsmütze

Synonym *Helvella infula*

Merkmale Der 3–8 cm lange, ocker- bis rotbraune Hut ist lappig ausgebildet, wobei die Lappen häufig in drei spitze Zipfel auslaufen, so
dass der Hut entfernt an eine Bischofsmütze erinnert, was diesem Pilz
auch seinen umgangssprachlichen Namen eingebracht hat. Am unteren Ende sind die Lappen oft am Stiel angewachsen; das sehr brüchige
Fleisch ist weiß oder ein wenig rötlich. Die elliptischen Sporen haben
eine Größe von 19–22 × 8–10 µm; der unregelmäßige, an der Basis häufig ein wenig verjüngte, gelbliche bis fleischfarbene Stiel kann 3–5 cm
lang und 1–1,5 cm dick werden. Er ist normalerweise glatt, zumeist gekammert und im Alter oft hohl.

Standort Die seltene Art kommt vorzugsweise in Nadelwäldern vor.
Sie wächst gern auf Baumstümpfen, alten Brandstellen oder ehemaligen
Holzlagerplätzen; die Fruchtkörper erscheinen zwischen September und
November.

Wert Giftig.

Verwechslungsmöglichkeiten Mit der ebenfalls giftigen **Frühjahrslorchel** (*Gyromitra esculenta*, S. 236), von der sich die Bischofsmütze vor
allem durch die unterschiedliche Wachstumsperiode (Frühjahr bzw.
Herbst), aber auch durch die Farbe und Form des Hutes abgrenzen lässt.
Außerdem sind Verwechslungen mit der **Spitzmorchel** (*Morchella conica*,
S. 258) oder der **Speisemorchel** (*M. esculenta*, S. 260) möglich, deren Hut
allerdings regelmäßige bzw. unregelmäßige, wabenartige Hutleisten aufweist. Beide sind ungiftig.

Helvella crispa

Synonym *Helvella pithyophila*

Merkmale Der sehr unregelmäßig ausgebildete, bis 6 cm große Hut besteht aus einzelnen faltigen, häufig umgeschlagenen Lappen, die am Stiel angewachsen sein können und weißlich, cremefarben oder ocker gefärbt sind. Das weißliche, dünne Fleisch ist relativ zäh und geruchlos; die elliptischen Sporen haben eine Größe von 16–20 × 9–11 µm. Der zylindrische, an der Basis manchmal verdickte, anfangs weiße, später oft gelbliche, hohle Stiel ist 7–15 cm lang, 2–4 cm dick und hat zumeist tiefe Längsfurchen auf der Oberfläche.

Standort Die nicht seltene Art kommt in feuchten Laub- und Mischwäldern vor, aber auch auf Waldwegen, an Waldrändern und angrenzenden Wiesen oder Weiden, wobei Kalkböden bevorzugt werden. Die Fruchtkörper erscheinen zwischen Juli und Oktober.

Wert Die Herbstlorchel ist roh giftig, aber auch gekocht nur von minderer Qualität.

Verwechslungsmöglichkeiten Verwechseln kann man die Herbstlorchel höchstens mit anderen Helvella-Arten, etwa mit der auf den ersten Blick sehr ähnlichen, essbaren **Grubenlorchel** (*H. lacunosa*), die zwar eigentlich dunkelgrau oder sogar leicht lila ist, von der aber eine Albinoform existiert, die eine gewisse Ähnlichkeit mit der Herbstlorchel hat.

...Herbstlorchel,
Krause Lorchel

Auch wenn beim Kochen ein Teil des Giftes der Herbstlorchel zerstört wird, kann nach dem Verzehr dieses Pilzes bei empfindlichen Menschen dennoch zu individuellen Unverträglichkeitsreaktionen kommen kann. Daher wird vom Verzehr dieser Art abgeraten.

Hirneola auricula-judae

Synonyme *Auricularia auricula-judae, A. sambucina*

Merkmale Die ziemlich dünnen Fruchtkörper, die einen Durchmesser von 3–8 cm haben, sind anfangs unregelmäßig becherförmig, später dagegen häufig wie eine Ohrmuschel geformt oder auch scheibenförmig.

Weitere Arten

...Judasohr, Ohrlappenpilz

Die Oberseite ist feinfilzig behaart und bräunlich, die Unterseite bei jungen Exemplaren zunächst grau, verfärbt sich aber später ebenfalls bräunlich, wobei sie jedoch immer heller bleibt als die Oberseite. Beide Seiten des Fruchtkörpers sind mehr oder weniger stark rippig geadert und auch faltig. Das Fleisch ist dünn; feucht wirkt es gummiartig und durchscheinend, trocken knorpelig bis hart und zusammengeschrumpft, wobei die Fruchtkörper bei ausreichender Feuchtigkeit ihre ursprüngliche Form aber wieder annehmen. Die zylindrischen Sporen besitzen eine Größe von 12–18 × 4–7 μm; der Sporenstaub ist weißlich.

Standort Die in manchen Gegenden recht häufige Art kommt auf abgestorbenem Laubholz, besonders auf alten Holundersträuchern vor und nur ganz selten auch einmal auf Nadelbäumen. Die Fruchtkörper können ganzjährig gebildet werden, aber am häufigsten findet man sie aber zwischen August und März.

Wert Essbar.

Verwechslungsmöglichkeiten Mit dem sehr viel selteneren ungenießbaren **Gezonten Ohrlappenpilz** (Auricularia mesenterica), der allerdings dachziegelartig übereinander angeordnete Fruchtkörper mit einer weißfilzigen, zonierten Ober- und einer dunkleren Unterseite besitzt.

INFO *Das nicht besonders schmackhafte Judasohr eignet sich eigentlich nur für Salate und Suppen; in China und Japan gilt der Pilz als Delikatesse.*

Laetiporus sulphureus

Merkmale   Typisch für diese Art sind die dachziegelartig übereinander angeordneten oder miteinander verwachsenen, häufig sehr großen Hüte, die in Ausnahmefällen einen Durchmesser von bis zu 50 cm und ein Gewicht von bis zu 20 kg erreichen können. Die seitlich an Baumstämmen wachsenden Fruchtkörper sind jung zungen- oder keulenförmig, bevor sie dann später fächerförmig auswachsen. Ihre Farbe ist zitronengelb oder leuchtend gelborange bis orange, ältere Exemplare sind oft stark ausgeblasst oder auf der Oberseite auch in farblich etwas unterschiedliche Zonen unterteilt. Das Fleisch ist gelblich bis orange und bei jungen Fruchtkörpern weich und saftig, während alte Hüte zumeist sehr trocken und brüchig sind. Die sehr kurzen Röhren auf der Unterseite haben winzige, rundliche, schwefelgelbe Poren, an denen manchmal ausgeschiedene Wassertropfen sitzen. Die eiförmigen Sporen sind 5–7 × 3,5–5 μm groß; das Sporenpulver ist weißlich.

Standort   Die relativ häufige Art wächst auf abgestorbenen und lebenden Laubbäumen, etwa Eichen, Robinien oder auch Obstbäumen; die Fruchtkörper erscheinen zwischen Mai und September.

Wert   Roh giftig; junge Exemplare sind gekocht oder gebraten essbar.

Verwechslungsmöglichkeiten   Wegen der auffälligen gelben Färbung praktisch unverwechselbar.

TIPP   *Junge, noch saftige und zarte Schwefelporlinge, bei denen das Gift durch Kochen oder Braten zerstört wurde, sind essbar, aber nicht besonders schmackhaft. Die beste Art der Zubereitung ist wohl, die jungen Fruchtkörper wie ein Schnitzel zu panieren und dann zu braten.*

Weitere Arten

Langermannia gigantea

Synonym *Clavatia gigantea*

Merkmale Die 15–50 cm großen, ungestielten, annähernd kugelförmigen Fruchtkörper haben eine vergängliche, glatte, weiße, mit zunehmen-

Riesenbovist,
Riesenstäubling

dem Alter auch gelb- bis olivbraune Außenhaut (Exoperidie) und eine darunter liegende weißliche bis graugelbe Innenhaut *(Endoperidie)*, die beide dem Schutz der ganz im Inneren befindlichen Fruchtschicht *(Gleba)* dienen. Sowohl die *Exoperidie* als auch die *Endoperidie* werden mit zunehmender Reife immer weicher und blättern schließlich teilweise oder vollkommen ab, so dass die gelbgrüne Fruchtschicht sichtbar wird. Diese ist von gelblichen Fäden, so genannten Kapillitiumfasern, durchsetzt, an denen die gestielten, rundlichen, glatten oder feinwarzigen Sporen angewachsen sind. Diese haben eine Größe von 4–6 μm; das Sporenpulver ist braun.

Standort Die nicht seltene Art kommt hauptsächlich auf nährstoffreichen Weiden oder Wiesen vor, man findet sie manchmal aber auch in lichten Laubwäldern oder Parks und Gärten; die Fruchtkörper erscheinen zwischen August und Oktober.

Wert Jung essbar, aber nicht sehr schmackhaft.

Verwechslungsmöglichkeiten Aufgrund seiner Größe praktisch unverwechselbar.

TIPP *Die übliche Zubereitung dieses Pilzes besteht darin, ihn in Scheiben zu schneiden und diese dann – paniert oder unpaniert – gut durchzubraten, weil die Mahlzeit sonst bitter schmeckt. Verwerten lassen sich aber ausschließlich junge Fruchtkörper, deren Inneres noch weiß und fest ist.*

Lycoperdon echinatum

Merkmale Die Fruchtkörper dieses Pilzes sind 2–5 cm hoch und 1–3 cm breit, kugelig bis umgedreht birnenförmig, wobei sie im letztgenannten Fall wie gestielt wirken. Ihre Farbe ist bräunlich; auf der Oberfläche sitzen zahlreiche, bis etwa 7 mm lange Stacheln, die nach dem Abfallen ein vieleckiges Netzmuster hinterlassen. Das zunächst weißliche, später ocker bis bräunliche Innere des Fruchtkörpers besteht aus einer Fruchtschicht *(Gleba)* im oberen Teil und einer weiteren, darunter liegenden, dünneren sterilen Schicht *(Subgleba)*. Die rundlichen, stachligen Sporen, die eine Größe von 3,5–4,5 μm haben, werden durch eine rundliche Öffnung am Scheitel frei, das Sporenpulver ist dunkelbraun.

Standort Die stellenweise häufige Art kommt in Laubwäldern mit Kalkboden vor, und dort vorzugsweise unter Buchen; die Fruchtkörper erscheinen zwischen Juni und Oktober.

Wert Jung essbar.

Verwechslungsmöglichkeiten Mit dem jung ebenfalls essbaren Flaschenstäubling *(Lycoperdon perlatum,* S. 252), dessen Stacheln allerdings deutlich kürzer sind. Ungiftig sind auch der Birnenstäubling *(L. pyriforme,* S. 250) und der Stinkende Stäubling *(L. foetidum,* S. 274), die recht unangenehm riechen und daher nur selten gesammelt werden; der giftige Dickschalige Kartoffelbovist *(Scleroderma citrinum,* S. 274) sitzt ohne stielartige Verlängerung direkt auf dem Boden.

TIPP *Diesen nicht besonders schmackhaften Pilz kann man nur zum Verzehr verwenden, solange die Gleba noch weiß ist. Außerdem muss vor der Zubereitung unbedingt die äußere Schicht entfernt werden.*

Weitere Arten

Lycoperdon foetidum

TIPP

Junge Exemplare des Stinkenden Stäublings gelten als essbar, der Verzehr ist wegen des unangenehmen Geruchs aber wenig empfehlenswert.

Weitere Arten

Stinkender Stäubling

Synonym *Lycoperdon perlatum var. nigrescens*

Merkmale Die 2–5 cm hohen und 1–2 cm breiten Fruchtkörper dieses Pilzes sind umgedreht birnen- bzw. flaschenförmig und wirken dadurch wie gestielt. Junge Exemplare sehen zunächst weiß aus, verfärben sich aber schon sehr bald bräunlich. Typisch sind außerdem die zahlreichen dunklen Stacheln oder Warzen auf der Oberfläche, die nach dem Abfallen ein netzartiges Muster hinterlassen. Das Innere des Fruchtkörpers besteht aus einer Fruchtschicht *(Gleba)* im oberen Teil und einem sterilen „Stiel"; das Fleisch ist zunächst weiß, später zumeist gelblich oder graubraun und vor allem bei jungen Exemplaren mit einem unangenehm stechenden Geruch. Die *Gleba* verwandelt sich bei der Reife in eine dunkle Sporenmasse, wobei die einzelnen rundlichen, zumeist feinwarzigen Sporen eine Größe von 3,5–4,5 µm haben; das Sporenpulver ist olivbraun.

Standort Die häufige Art kommt in Laub- und Nadelwäldern vor, oft zusammen mit dem sehr ähnlichen Flaschentäubling (*L. perlatum*, S. 252); die Fruchtkörper erscheinen zwischen August und Oktober.

Wert Jung essbar.

Verwechslungsmöglichkeiten Mit dem jung ebenfalls essbaren **Flaschenstäubling** (*Lycoperdon perlatum*, S. 252), der nicht so unangenehm riecht. Der ungiftige, aber ebenfalls unappetitlich riechende **Birnenstäubling** (*L. pyriforme*, S. 254) wächst auf Holz und hat glatte Sporen; der giftige **Dickschalige Kartoffelbovist** (*Scleroderma citrinum*, S. 274) sitzt ohne stielartige Verlängerung direkt auf dem Boden.

Lycoperdon perlatum

Merkmale Die 3–8 cm hohen und 2–3 cm dicken Fruchtkörper sind umgedreht birnen- oder flaschenförmig und wirken dadurch wie gestielt; junge Exemplare sind weiß, grau oder cremefarben, später verfärben sie sich gelb- bis graubraun. Die Oberfläche ist, vor allem im kugeligen Teil, dicht mit Stacheln unterschiedlicher Länge besetzt, die leicht abbrechen und dabei ein netzartiges Muster hinterlassen; bei der Reife entsteht im Scheitel eine kleine, rundliche Öffnung, aus der die Sporen freigesetzt werden. Das Innere des Fruchtkörpers besteht aus einer Fruchtmasse (*Gleba*) im oberen Teil und einem sterilen „Stiel"; das Fleisch ist zunächst zart und weiß, verfärbt sich später aber gelblich, graubraun oder grünlich und wird dann breiig; die Gleba verwandelt sich bei der Reife in eine dunkle Sporenmasse, die aus rundlichen, warzigen Sporen besteht. Diese haben eine Größe von 3–4 μm; das Sporenpulver ist olivbraun.

Standort Die sehr häufige Art kommt in Laub- und Nadelwäldern vor; die Fruchtkörper erscheinen zwischen Juli und November.

Wert Jung essbar.

Verwechslungsmöglichkeiten Andere Stäublinge, etwa der jung ebenfalls essbare, aber wenig empfehlenswerte Stinkende Stäubling (*Lycoperdon foetidum*, S. 250), dessen bräunliche bis schwärzliche Stacheln nicht so leicht abfallen wie beim Flaschenstäubling, und der einen unangenehmen Geruch hat.

TIPP *Die jungen Fruchtkörper, deren Inneres noch weiß ist, können gegessen werden. Die häufigste Form der Zubereitung besteht darin, zunächst die Außenhülle zu entfernen, den Pilz dann in Scheiben zu schneiden und diese paniert zu braten.*

Weitere Arten

252

Flaschenstäubling,
Flaschenbovist

Lycoperdon pyriforme

INFO

Diese Art kommt nur auf Holz vor, wobei das aber manchmal auch unter der Erde vergrabene Äste sind, so dass der Eindruck entstehen kann, die Pilze würden auf dem Boden wachsen.

Weitere Arten

Birnenstäubling

Merkmale Die 2–5 cm langen und 2–3 cm dicken Fruchtkörper dieses Pilzes sind eiförmig oder auch umgedreht birnenförmig, wobei sie dann wie gestielt wirken. Junge Exemplare sind weiß, später tritt eine gelb- bis dunkelbraune Verfärbung ein; die Oberfläche ist fein warzig, an der Basis sind oft kräftige, weiße Myzelstränge zu erkennen. Das Innere der unangenehm stechend riechenden Fruchtkörper besteht aus einer Fruchtmasse *(Gleba)* im oberen Teil und einem sterilen „Stiel"; die *Gleba* ist jung weiß und fest, später gelbgrün und breiig, bei der Reife bräunlich und staubig, der sterile Teil bleibt zumeist weiß. Bei der Reife entsteht im Scheitel der Fruchtkörper eine kleine, rundliche Öffnung, aus der die Sporen freigesetzt werden. Diese sind rundlich und 3–5 μm groß; das Sporenpulver ist olivbraun.

Standort Die häufige Art kommt auf abgestorbenen Laub- und Nadelbäumen vor; die Fruchtkörper erscheinen zwischen August und November.

Wert Jung essbar (solange das Innere des Fruchtkörpers noch weiß ist), aber wenig empfehlenswert. Die häufigste Form der Zubereitung besteht darin, zunächst die Außenhülle zu entfernen, den Pilz dann in Scheiben zu schneiden und diese paniert zu braten.

Verwechslungsmöglichkeiten Mit anderen Stäublingen, etwa dem jung ebenfalls essbaren, aber nicht sehr empfehlenswerten Stinkenden Stäubling (*Lycoperdon foetidum*, S. 250), der bräunliche bis schwärzliche Stachel besitzt oder dem gleichfalls stacheligen und unangenehm riechenden Flaschenstäubling (*L. perlatum*, s. 252).

$\mathcal{M}$eripilus giganteus......

Synonym *Polyporus giganteus*

Merkmale Die Fruchtkörper dieses Pilzes können bis zu 1 m groß werden. Sie bestehen aus halbkreis- oder fächerförmigen Hüten und sind zumeist in großen Büscheln dachziegelartig übereinander angeordnet, wobei die einzelnen Hüte einen Durchmesser von 15–50 cm erreichen können. Ihre Oberfläche ist mit konzentrischen, gelbbraunen und dunkelbraunen Streifen gezeichnet, der Rand ist normalerweise weißlich oder hellgelb und in der Regel wellig gelappt, die Huthaut wirkt filzig bis runzlig. Das jung saftige, später zähe Fleisch ist weißlich, verfärbt sich aber an der Luft zumeist rot und wird in trockenem Zustand oder im Alter sogar schwärzlich. Die an der Unterseite sitzenden, relativ kurzen Röhren sind weißlich oder leicht gelb, die kleinen, rundlichen Poren laufen bei Berührung bräunlich oder schwarz an. Die rundlichen bis breit elliptischen Sporen haben eine Größe von 5–7 × 4–6 µm; das Sporenpulver ist weiß.

Standort Die häufige Art kommt auf Laubbaumstümpfen vor, aber auch auf dem Boden in der Nähe lebender Bäume, besonders Buchen und Eichen; die Fruchtkörper erscheinen zwischen August und November.

Wert Jung essbar.

Verwechslungsmöglichkeiten Mit dem Klapperschwamm (*Grifola frondosa*), der ähnlich aussehende, wenn auch kleinere Hüte besitzt und dessen Poren sich bei Berührung nicht schwarz verfärben.

Weitere Arten

INFO

Ganz junge Hüte dieses nicht besonders wohlschmeckenden Pilzes sind essbar, bei älteren Exemplaren ist das Fleisch zäh und ungenießbar. Einzelne Fruchtkörper können bis 25 kg schwer werden.

Morchella conica...............

Spitzmorchel, Hohe Morchel

Synonym *Morchella elata*

Merkmale Der Hut dieser Morchel ist 3–8 cm lang und 2–3 cm dick, schlank eiförmig bis spitzkegelig geformt und innen vollkommen hohl; die Färbung reicht von hellgrau über graubraun bis dunkel oliv. Die Oberfläche ist mit kastanien- bis schwarzbraunen, mehr oder weniger parallel verlaufenden Rippen besetzt, die ein regelmäßiges wabenartiges Muster bilden; der untere Hutrand und der Stiel sind miteinander verwachsen. Das weißliche, manchmal auch graue Fleisch ist dünn und brüchig, die elliptischen Sporen haben eine Größe von 20–25 × 12–16 µm. Der zylindrische, hohle Stiel, der 2–6 cm lang und 1–1,5 cm dick sein kann, ist weißlich bis ocker mit meist runzliger Oberfläche.

Standort Die Art kommt in Laub- und Nadelwäldern vor, man findet sie aber manchmal auch in Gärten und Parks oder auf Schutthalden; die Fruchtkörper erscheinen zwischen März und Mai.

Wert Wohlschmeckender Speisepilz.

Verwechslungsmöglichkeiten Es besteht eine entfernte Ähnlichkeit mit der giftigen **Frühjahrslorchel** (*Gyromitra esculenta*, S. 236), mit der die Spitzmorchel auch das frühe Erscheinen gemein hat. Der Hut der Frühjahrslorchel weist allerdings hirnartige Windungen und kein wabenartiges Muster mit Vertiefungen und hervorstehenden Rippen auf. Die gleichfalls im Frühjahr wachsende, essbare Speisemorchel (*M. esculenta*, S. 260) unterscheidet sich durch den weniger spitz zulaufenden Hut und das sehr viel unregelmäßigere Wabenmuster.

TIPP *Die Spitzmorchel wird gern zum Verfeinern von Saucen und Suppen verwendet, aber auch für Fleischfüllungen. Da ihr Bestand ständig geringer wird, ist sie inzwischen eingeschränkt geschützt.*

Morchella esculenta.........

Synonym M. vulgaris

Merkmale Der 4–8 cm große, vollkommen hohle Hut ist zumeist rundlich bis oval, kann aber auch walzen-, ei- oder annähernd kegelförmig sein. Seine Färbung reicht von gelb bis ockerfarben; auf der Oberfläche sind Quer- und Längsleisten vorhanden, die ein unregelmäßiges, wabenartiges Muster bilden, wobei die Leisten zumeist heller gefärbt sind als die Vertiefungen. Der untere Hutrand ist fest mit dem Stiel verwachsen und das weißliche Fleisch wirkt ziemlich brüchig. Die elliptischen Sporen haben eine Größe von 18–22 × 10–15 µm; der ebenfalls hohle, zylindrische Stiel ist 4–6 cm lang, 2–3 cm dick und weißlich bis ockerfarben.

Standort Die inzwischen eingeschränkt geschützte Art kommt hauptsächlich in Laub- und Mischwäldern vor, man findet sie aber auch in Gärten und Parks, wobei gedüngte Flächen gemieden werden; die Fruchtkörper erscheinen zwischen April und Mai.

Wert Wohlschmeckender und begehrter Speisepilz.

TIPP _Da Morcheln vergleichsweise langsam wachsen, sind einzelne Teile manchmal schon in Verwesung übergegangen, ohne dass man den Pilzen das auf den ersten Blick ansieht. Solche Exemplare rufen dann häufig Verdauungsstörungen hervor, so dass eine gewisse Vorsicht bei Verwerten dieser Pilze geboten ist. Auch vor dem Verzehr roher Pilze ist abzuraten._

Weitere Arten

Speisemorchel, Rundmorchel

Verwechslungsmöglichkeiten Mit der giftigen **Frühjahrslorchel** (*Gyromitra esculenta*, S. 236), deren Hut allerdings hirnartige Windungen und kein wabenartiges Muster aufweist. Die ebenfalls im Frühjahr wachsende, essbare **Spitzmorchel** (*Morchella conica*, S. 258) unterscheidet sich durch den spitzer zulaufenden Hut und das sehr viel regelmäßigere Wabenmuster.

Weitere Arten

Stinkmorchel, Leichenfinger

Synonym *Ithyphallus impudicus*

Fruchtkörper Die Fruchtkörper dieses ungewöhnlichen Pilzes sind anfangs kugel- bis eiförmige Gebilde mit einem Durchmesser von 3–5 cm (in diesem Stadium werden sie „Hexen- oder Teufelsei" genannt). Schneidet man ein Hexenei in der Mitte durch, kann man erkennen, dass Hut und Stiel des Pilzes im Inneren bereits vorgebildet sind. Später platzt die Außenhülle dann auf, und der unverwechselbare Fruchtkörper schiebt sich heraus. Wenn er vollkommen gestreckt ist, besteht er aus einem weißen, 10–20 cm langen und etwa 2–4 cm dicken, hohlen, zylindrischen, an beiden Enden verjüngten Stiel und einem kurzen, etwa 3–4 cm langen, glockenförmigen Hut mit einer wabenartigen Oberfläche, die von einer oliv- bis schwarzgrünen Sporenmasse überzogen ist. Von dieser Masse geht bei der Reife auch der über größere Entfernungen wahrnehmbare, aasartige Geruch aus, mit dem Fliegen angelockt werden, die für die Verbreitung der Sporen sorgen sollen. Die Sporen sind stäbchenförmig und haben eine Größe von 4–5 × 1,5–2 µm.

Standort Die sehr häufige Art kommt in Laub- und Nadelwäldern vor; die Fruchtkörper erscheinen zwischen Mai und November.

Wert Als „Hexenei" essbar; der fertig ausgebildete, übel riechende Fruchtkörper ist absolut ungenießbar.

Verwechslungsmöglichkeiten Die sehr viel seltenere **Dünenstinkmorchel** (*P. hadriani*) hat eine rosafarbene *Volva* und kommt nur in Dünenlandschaften vor. Die **Hundsrute** (*Mutinus caninus*) ist nicht in Hut und Stiel gegliedert, sondern besitzt nur eine farblich abgesetzte Spitze.

TIPP   *Die „Hexeneier" können nach dem Entfernen der dicken Gallerthülle in Scheiben geschnitten und wie Bratkartoffeln zubereitet werden.*

Piptoporus betulinus

Synonyme *Polyporus betulinus, Ungulina betulina*

Merkmale Der mehrjährige, halbkreis- oder nierenförmige Fruchtkörper des Birkenporlings, der seitlich am Holz angewachsen ist, hat einen Durchmesser von 10–30 cm. Er kann an der Basis leicht stielartig verlängert sein; die Oberseite ist gewölbt, die Unterseite konkav ausgebildet. Die jungen Fruchtkörper, die zungenartig aus dem Holz herauswachsen sind oberseits anfangs weißlich, später graugelb oder graubraun und mit einer dünnen, papierartigen Oberhaut, die bei älteren Exemplaren oft abblättert; der Rand ist abgerundet und eingerollt. Die relativ kurzen, weißlichen Röhren auf der Unterseite sind einschichtig und leicht ablösbar; die rundlichen kleinen Poren haben bei jungen Exemplaren eine ebenfalls weißliche Färbung, bei älteren Fruchtkörpern können sie auch ockerfarben oder leicht bräunlich sein. Das weiße, im Alter auch gelbliche Fleisch ist anfangs weich und saftig, später holzig; die elliptischen Sporen haben eine Größe von 4–7 × 1–2 μm, das Sporenpulver ist weiß.

Standort Die häufige, ganzjährig vorkommende Art wächst ausschließlich auf lebenden und abgestorbenen Birken.

Wert Ganz jung essbar, aber ohne besonderen Wert, später ungenießbar.

Verwechslungsmöglichkeiten Durch seine Spezialisierung auf Birken, die papierartige Oberhaut und den sehr typischen Rand kaum mit anderen Baumpilzen zu verwechseln.

Weitere Arten

....Birkenporling, Birkenzungenporling

INFO Der Braunfäule verursachende Pilz ist bei Förstern und Waldbesitzern nicht sehr gern gesehen, denn er kann an Birken erhebliche Schäden verursachen.

Polyporus squamosus

Synonym *Melanopus squamosus, Polyporus pallidus*

Merkmale Der im Umriss halbkreis-, nieren- oder fächerförmige Hut, der einen Durchmesser von 10–60 cm hat, ist mit einem kurzen Stiel seit-

Weitere Arten

Schuppiger Porling

lich am Holz angewachsen. Seine Färbung kann weißlich bis gelb, aber auch ocker oder gelbbraun sein, außerdem ist seine Oberfläche dicht mit konzentrischen, dunkelbraunen Schuppen bedeckt. Die am Stiel herablaufenden Röhren auf der Unterseite sind 5–10 mm lang, normalerweise weiß, später auch gelblich; die anfangs kleinen, später auffallend großen und unregelmäßig eckigen Poren haben die gleiche Farbe wie die Röhren. Der zylindrische Stiel kann 5–8 cm lang werden, ist aber oft so kurz, dass er kaum als solcher zu erkennen ist. Er kann weißlich bis cremefarben, im unteren Teil auch braun- oder schwarzschuppig sein, während er im oberen Teil durch die herablaufenden Röhren eher netzartig wirkt. Am Hut ist er zumeist exzentrisch oder seitlich angewachsen; das anfangs weiche, später zähe oder gar holzige Fleisch hat eine weißliche Farbe. Die elliptischen Sporen sind 10–14 × 4–5 μm groß; das Sporenpulver ist weiß.

Standort Die häufige Art kommt auf lebenden oder abgestorbenen Laubbäumen vor, besonders auf Buchen, Linden, Ahorn und Weiden; die Fruchtkörper erscheinen normalerweise von April bis Juni, manchmal aber auch erst im Herbst.

Wert Junge Exemplare sind gekocht essbar.

Verwechslungsmöglichkeiten Dank seines schuppigen Hutes und des normalerweise frühen Erscheinens praktisch unverwechselbar.

TIPP *Die nicht besonders schmackhaften jungen Fruchtkörper können als Suppenpilze verwendet werden, ältere Exemplare sind zäh und daher ungenießbar.*

Pseudohydnum gelatinosum

Synonym *Tremellodon gelatinosum*

Merkmale Die nur etwa 1 cm dicken Fruchtkörper dieser auf Holz wachsenden Art können einen Durchmesser von bis zu 8 cm erreichen. Sie sind anfangs zungen-, später halbkreis- bis muschelförmig und neben- oder übereinander mit einem kurzen Stiel seitlich am Substrat angewachsen. Die Oberseite ist samtig oder filzig behaart und normalerweise weiß; sie kann aber auch leicht bläulich oder sogar bräunlich überlaufen sein. Auf der Unterseite sitzen etwa 2–6 mm langen weiche, weißliche Stacheln, an denen die Sporen gebildet werden. Das ebenfalls weiße, manchmal auch durchscheinend wirkende Fleisch ist gallertartig und ziemlich wässrig; bei Trockenheit kann es allerdings oft stark zusammengeschrumpft sein und dann knorpelig und hart wirken, wobei auch nach Regenfällen die ursprüngliche Form und Konsistenz zumeist nicht wieder angenommen wird. Die annähernd rundlichen Sporen haben eine Größe von 5–8 × 5–6 μm; das Sporenpulver ist weiß.

Standort Die häufige, oft in größeren Gruppen auftretende Art kommt normalerweise auf morschem Nadelholz vor und nur ganz selten auch einmal auf Laubholz; die Fruchtkörper erscheinen zwischen Juli bis November.

Wert Essbar, aber geschmacklich ohne besonderen Wert.

Verwechslungsmöglichkeiten Die gelatinöse Konsistenz, die Stacheln auf der Unterseite und konsolenartige Wachstum auf morschem Nadelholz machen diesen Pilz praktisch unverwechselbar.

TIPP *Der Zitterzahn wird manchmal als Salatpilz verwendet, wobei man die gesammelten Exemplare vor der Verwendung allerdings überbrühen sollte.*

Weitere Arten

.....Zitterzahn, Eispilz, Gallertzahn

Ramaria aurea ....

Merkmale Die Fruchtkörper dieses auffälligen Pilzes sind 8–15 cm hoch und 5–12 cm dick. Sie bestehen aus einem kurzen, kräftigen, weiß-gelben Strunk, von dem zahlreiche, dichtstehende, mehr oder weniger

Weitere Arten

Orangegelbe Koralle, Ziegenbart

aufrechte, vielfach gegabelte, hell- bis gold- oder orangegelbe Äste abzweigen, deren Spitzen zumeist in zwei Zacken enden. Das weißliche Fleisch ist oft von wässrigen Schlieren durchzogen und schmeckt bei jungen Exemplaren mild, während alte Fruchtkörper oft bitter sind. Die annähernd zylindrischen Sporen haben eine Größe von 8–13 × 3–6 μm; das Sporenpulver ist ockergelb.

Standort Die nicht sehr häufige Art kommt vorzugsweise in feuchten Nadelwäldern vor, man findet sie aber manchmal auch in Laubwäldern und dort dann zumeist unter Buchen. Kalkböden werden bevorzugt; die Fruchtkörper erscheinen zwischen Juli und Oktober.

Wert Jung essbar und wohlschmeckend, ältere Exemplare können Magenbeschwerden hervorrufen.

TIPP *Die Art kann leicht mit anderen Korallenpilzen verwechselt werden, etwa der ungenießbaren* **Schwefelgelben Koralle** *(Ramaria flava), die schwefelgelb gefärbt ist und einen rotfleckenden Strunk besitzt oder der giftigen Bauchwehkoralle (Ramaria pallida, S. 272). Diese ist zwar normalerweise deutlich heller gefärbt als die Orangegelbe Koralle, aber da letztere im Alter oft ausbleicht, lässt sie sich nicht immer leicht von der Bauchwehkoralle unterscheiden, so dass der Verzehr nur erfahrenen Pilzsammlern empfohlen werden kann.*

Ramaria pallida

Synonym R. mairei

Merkmale Die Fruchtkörper dieser Koralle sind 8 bis 15 cm hoch und oft ebenso breit. Sie bestehen aus einem kurzen, kräftigen, graugelben oder fleischfarbenen Strunk, von dem zahlreiche, dichtstehende, mehr oder weniger aufrechte, vielfach verzweigt Äste ausgehen, die zumeist mit mehreren Zacken enden. Die Färbung dieser Ästchen ist weißlich bis fleisch- oder rosafarben, an den Spitzen sind sie häufig auch violett oder rötlich; im Alter ist der gesamte Fruchtkörper normalerweise bräunlich gefärbt. Typisch ist außerdem die etwas runzlige Oberfläche, durch die sich diese Art von der essbaren orangegelbe Koralle abgrenzen lässt; ein weiteres Unterscheidungsmerkmal ist, dass das weißliche Fleisch der Bauchwehkoralle nicht von wässrigen Schlieren durchzogen. Die eiförmig Sporen haben eine Größe von 8–13 × 4–7 µm; das Sporenpulver ist blassgelb.

Standort Die relativ seltene Art kommt in Laub- und Nadelwäldern vor und dort besonders unter Buchen oder Fichten. Bauchwehkorallen bevorzugen außerdem Kalkboden; die Fruchtkörper erscheinen zwischen Juli und Oktober.

Wert Giftig. Kann starke Verdauungsbeschwerden verursachen.

TIPP *Diese Art darf auf keinen Fall mit der essbaren Goldgelben Koralle (Ramaria aurea, S. 270) verwechselt werden, die sich, zumindest in der Jugend, durch die intensiv gelbe Farbe unterscheidet, aber auch durch die glatte Oberfläche der Ästchen und das von wässrigen Schlieren durchzogene Fleisch. Die ungenießbare Schwefelgelbe Koralle (R. flava) ist ebenfalls gelb gefärbt, hat aber einen rotfleckigen Strunk.*

Weitere Arten

Bauchwehkoralle, Blasse Koralle

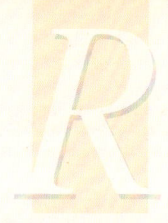

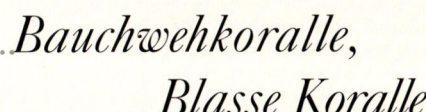

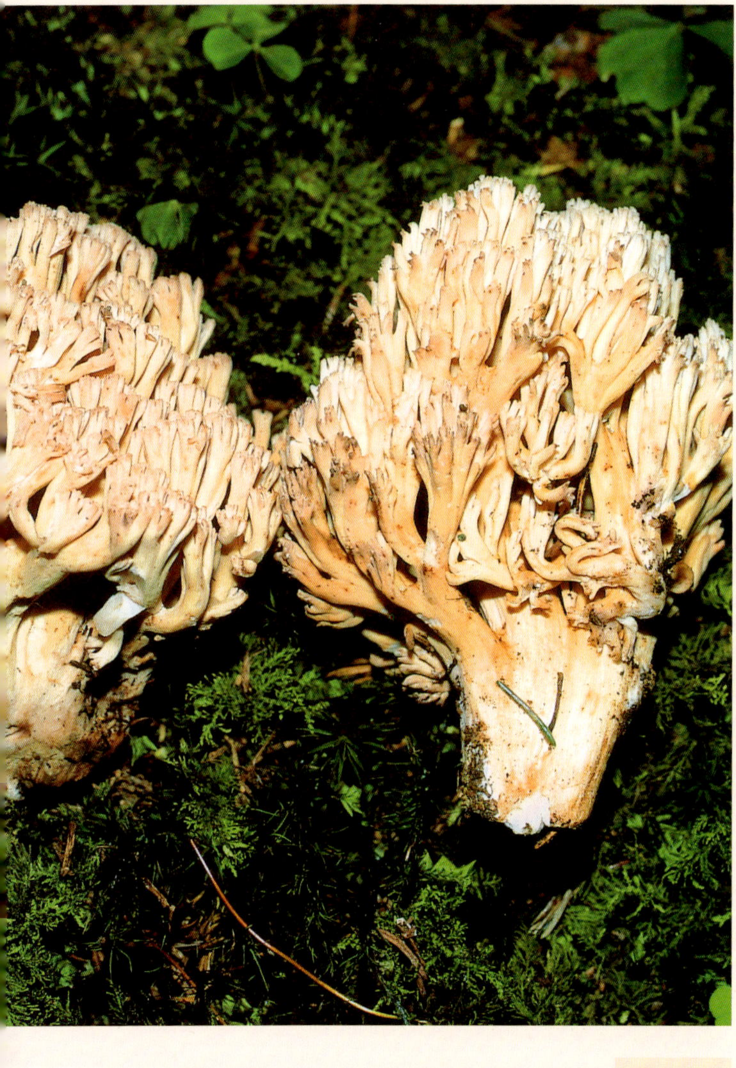

Scleroderma citrinum

Weitere Arten

Dickschaliger Kartoffelbovist

Synonyme S. aurantium, S. vulgare

Merkmale Die Fruchtkörper dieses Bovisten haben einen Durchmesser von bis zu 10 cm. Sie sind ungestielt, normalerweise rundlich und bestehen aus einer ziemlich harten, in einzelne Felder aufgerissenen, gelblichen bis ockerfarbenen Hülle *(Peridie)*, in der sich eine unangenehm stechend riechende Fruchtmasse *(Gleba)* befindet. Diese ist jung sehr fest und weiß bis gelblich gefärbt, wird dann bei älteren Exemplaren aber grauschwarz und zerfällt schließlich zu einem olivbraunen Sporenstaub. In dieser Phase bricht der Fruchtkörper auch auf, um die rundlichen, mit einer netzartiger Struktur versehenen, 8–13 μm großen Sporen freizusetzen.

Standort Die recht häufige Art kommt in Laub- und Nadelwäldern vor, wobei saure Böden bevorzugt werden; die Fruchtkörper erscheinen zwischen Juli und November.

Wert Giftig.

Verwechslungsmöglichkeiten Bei oberflächlicher Betrachtung ist eine Verwechslung mit essbaren Stäublingen möglich, etwa mit dem **Birnenstäubling** (*Lycoperdon pyriforme*, S. 254), dem **Flaschenstäubling** (*Lycoperdon perlatum*, S. 252), dem **Stinkenden Stäubling** (*Lycoperdon foetidum*, S. 250) und dem Igelstäubling (*Lycoperdon echinatum*, S. 248). Der ähnlich aussehende, giftige **Dünnschalige Kartoffelbovist** (*S. verrucosum*) hat eine stielartig verlängerte Basis mit dichten Hyphenbündeln und eine viele dünnere *Peridie*.

Sparassis crispa

Synonym *Clavaria crispa*

Merkmale Der ein wenig an einen Blumenkohl erinnernde Fruchtkörper kann einen Durchmesser von bis zu 40 cm erreichen. Zusammengesetzt ist er aus zahlreichen, krausen, blattartigen Elementen, die zumeist gelblich, manchmal aber auch weiß oder im Alter bräunlich gefärbt sind. Die Basis ist strunkartig und endet in einem kurzen Stiel, der allerdings im Erdboden verborgenen sein kann. Das weiße Fleisch hat eine elastische, leicht faserige Konsistenz; die kurz elliptischen Sporen haben eine Größe von 5–7 × 4–5 µm; das Sporenpulver gelblich.

Standort Die häufige Art kommt ausschließlich unter Nadelbäumen oder an deren Stümpfen vor, denn es handelt sich um einen Parasiten, der die Wurzeln von Kiefern, Fichten oder Tannen befällt; die Fruchtkörper erscheinen zwischen August bis November.

Wert Essbar.

Verwechslungsmöglichkeiten Sehr unerfahrene Sammler könnten die Krause Glucke mit **Korallenpilzen** (*Ramaria* S. 270 und 272) verwechseln, unter denen es auch giftige Arten gibt. Korallenpilze sind aber normalerweise deutlich kleiner als die Krause Glucke; außerdem haben sie runde und keine abgeplatteten, blattähnlichen Elemente. Eine oberflächliche Ähnlichkeit besteht auch mit dem ungenießbaren **Echten Eichhasen** (*Polyporus umbellatus*). Bei näherem Hinsehen erkennt man aber, dass es sich bei ihm nicht um einen einzelnen Fruchtkörper handelt, sondern um viele, eng zusammenstehende Hüte mit Röhren auf der Unterseite.

Weitere Arten

Krause Glucke, Fette Henne

TIPP

Die Krause Glucke eignet sich vor allen
Dingen für Mischgerichte und Suppen.
Sie muss vor der Zubereitung besonders
sorgfältig gereinigt werden, da oft Nadeln
und Holzstücke in den Fruchtkörper eingewachsen sind.

Glossar

Basidien Ein- oder mehrzellige Strukturen, an denen bei den *Basidiomyzeten* die *Sporen* gebildet werden.

Basidiomyceten (Ständerpilze) Klasse der Echten Pilze, die ihre Sporen an Basidien bilden.

Blätter siehe Lamellen

Braunfäule Holzzersetzung durch Pilze und andere Mikroorganismen. Abgebaut wird hauptsächlich die Zellulose, während das unzersetzte Lignin, dass dem zerfallenen Holz die typische braune Farbe verleiht, übrig bleibt.

Cortina Sonderform des *Velum partiale,* das als schleier- oder spinnengewebsartige Struktur zwischen Hut und Stiel ausgebildet wird, z. B. bei Cortinarius-Arten.

Eingeschränkt geschützt Eingeschränkt geschützte Pilze dürfen nur in geringer Menge für den Eigenbedarf gesammelt werden. Der Handel mit ihnen ist verboten.

Endoperidie siehe Peridie

Exoperidie siehe Peridie

Fruchtkörper Aus verflochtenen *Hyphen* aufgebaute Pilzstruktur, an oder in der sich die *Sporen* entwickeln. Pilzfruchtkörper können sehr vielgestaltig sein, also beispielsweise aus Hut und Stiel bestehen, aber auch eine becher- oder konsolenartige Form haben.

Glossar

Gesamthülle siehe Velum

Gleba Spezielle, zumeist von einer Peridie umgebene Schicht, in der bei den Bauchpilzen die Sporen entstehen.

Hymenium Bezeichnung für die Sporen bildende Fruchtschicht vieler *Basidiomyceten*.

Hymenophor Der das *Hymenium* tragende Teil eines Pilzes. Das Hymenophor kann beispielsweise *röhren-* oder *lamellenförmig* sein.

Hyphe Zumeist lang gestreckter Pilzfaden, der ein Substrat nach Nährstoffen durchwuchert. Im *Fruchtkörper* sind die Hyphen zumeist zu einem Plectenchym (Flechtgewebe) verschmolzen und dann nicht mehr als einzelne Fäden zu erkennen.

Keimporus Wandverdünnung bei *Sporen*, aus denen der Keimschlauch austritt.

Lamellen Ausbildungsform des *Hymenophors* bei den Blätterpilzen (Agaricales). Es handelt sich um blattartige Strukturen auf der Hutunterseite, zwischen denen die *Sporen* gebildet werden.

Leisten Lamellenähnliches Hymenophor, das in bestimmten Pilzgruppen gebildet wird. Die bekannteste Art mit Leisten ist der Pfifferling (Cantharellus cibarius).

Mikrometer = 1/1000 mm; Abkürzung = μm.

Glossar

Milligramm = 1/1000 g; Abkürzung = mg.

Mykorrhiza Mit diesem Begriff wird eine Symbiose zwischen den Wurzeln höherer Pflanzen und Pilzen umschrieben (eine Symbiose ist das Zusammenleben verschiedener Organismen zum gegenseitigen Nutzen). Dabei versorgen die Pilze ihre Baumpartner mit Wasser oder Mineralsalzen und werden dafür im Gegenzug mit Kohlenhydraten „belohnt".

Myzel Der aus einem Geflecht einzelner Pilzfäden (Hyphen) bestehende Vegetationskörper der Pilze.

Parasitisch Lebensweise, bei der ein anderer, noch lebender Organismus befallen wird, mit dem Ziel, sich von dessen organischer Substanz zu ernähren.

Peridie Äußere Hülle von Bauchpilzen (*Gasteromycetidae*), die einfach oder mehrschichtig sein kann. Im letzteren Fall wird dann noch weiter zwischen äußerer (*Exoperidie*) und innerer Hülle (*Endoperidie*) unterschieden. Die Exoperidie kann wiederum aus weiteren Unterschichten bestehen, die in vielen Fällen eine wichtige Rolle bei der Fruchtkörperöffnung spielen; die Endoperidie ist meist dünn und einschichtig und dient dem Schutz der Fruchtschicht (*Gleba*).

Poren Öffnungen der Röhren bei Röhrenpilzen.

Röhren Der zylindrische Teil des Hymenophors bei Röhrenpilzen. An der Innenseite der Röhren sitzt das Hymenium.

Saprophytisch Lebensweise, bei der abgestorbene organische Substanz (z. B. pflanzliches Material wie Blätter oder Holz, aber auch tierische Kadaver) besiedelt und aufgezehrt werden.

Spore Mit den Samen vergleichbare Verbreitungseinheit der Pilze. Die Sporen sind nur wenige Mikrometer groß.

Stacheln Bei einigen Pilzen, etwa Hydnum-Arten, ist das Hymenophor nicht in Form von Lamellen oder Leisten ausgebildet, sondern hat eine stachelartige Struktur.

Teilhülle siehe Velum.

var. Abkürzung für Varietät = Rangstufe unterhalb der Art und Unterart.

Velum Schutzhülle junger *Fruchtkörper*, die als Gesamthülle *(Velum universale)* oder Teilhülle *(Velum partiale)* ausgebildet sein kann. Dabei umgibt das *Velum universale* den gesamten jungen *Fruchtkörper* und schützt ihn auf diese Weise, während das *Velum partiale* nur die *Lamellen* bzw. *Poren* schützt. Im ersten Fall bleiben beim ausgewachsenen Pilz normalerweise Reste auf dem Hut und an der Stielbasis zurück, während vom *Velum partiale* häufig noch Reste am Hutrand und ein Ring am Stiel vorhanden sind. Bei einigen Arten, z. B. beim Fliegenpilz, *Amanita muscarina*, sind sowohl Velum universale als auch Velum partiale zu erkennen, andere Pilze bilden weder das eine noch das andere aus.

Volva Häutige, oft scheidenartige Hülle an der Stielbasis einiger *Basidiomyceten*, z. B. bei Knollenblätterpilzen. Bei der *Volva* handelt es sich zumeist um Reste des *Velums universale*.

*G*iftberatungsstellen......

Berlin

Berliner Betrieb für gesundheitliche
Aufgaben (BBGes)
Beratungsstelle für Vergiftungs-
erscheinungen
Karl-Bonhoeffer-Nervenklinik –
Haus Diagnostikum
Oranienburger Str. 285
D-13437 Berlin
Tel.: 030/192 40, Fax: 030/306867 21
Email: berlintox@giftnotruf.de
WWW: http://www.giftnotruf.de

Berlin II

Charité-Campus-Virchow-Klinikum
Med. Fakultät der Humboldt-Universität
zu Berlin
Abt. Innere Medizin mit Schwerpunkt
Nephrologie und Intensivmedizin
Augustenburger Platz 1
D-13353 Berlin
Tel.: 030/450-53555, Fax: 030/450-
539 15
Email: giftinfo@charite.de
WWW:http://www.charite.de

Bonn

Informationszentrale gegen
Vergiftungen
Zentrum für Kinderheilkunde
der Rheinischen Friedrich-Wilhelms-
Universität Bonn
Adenauerallee 119
D-53113 Bonn
Tel.: 0228/192 40, Fax: 0228/287 33 14
Email: gizbn@mailer.meb.uni-bonn.de
WWW: http://www.meb.uni-bonn.de

Erfurt

Gemeinsames Giftinformations-
zentrum der Länder Mecklenburg-
Vorpommern, Sachsen, Sachsen-Anhalt
und Thüringen
c/o Klinikum Erfurt
Nordhäuser Str. 74
D-99089 Erfurt
Tel.: 03 61/73 07 30, Fax 03 61/7 30 73 17
Email: info@ggiz-erfurt.de
WWW:http://www.thueringen.de

Freiburg

Universitätskinderklinik Freiburg
Informationszentrale für Vergiftungen
Mathildenstr. 1
D-79106 Freiburg
Tel.: 07 61/1 92 40 , Fax: 07 61/2 70 44 57
Email: giftinfo@kikli.ukl.uni-freiburg.de
WWW: http://www.giftberatung.de

Göttingen

Giftinformationszentrum-Nord
der Länder Bremen, Hamburg,
Niedersachsen und Schleswig-Holstein
(GIZ-Nord)
Universität Göttingen –
Bereich Humanmedizin
Robert-Koch-Str. 40
D-37075 Göttingen
Tel.: 05 51/38 31 80 oder 1 92 40,
Fax: 05 51/3 83 18 81
Email: giznord@giz-nord.de
WWW: http://www.giz-nord.de

Giftberatungsstellen in Deutschland, Österreich und der Schweiz

Homburg

Informations- und Beratungszentrum
für Vergiftungsfälle
Klinik für Kinder- und Jugendmedizin
Gebäude 9
D-66421 Homburg/Saar
Tel.: 06841/19240, Fax: 06841/
1628438
Email: kigift@med-rz.uni-sb.de
WWW: http://www.med-rz.uni-sb.de

Mainz

Beratungsstelle bei Vergiftungen
II. Medizinische Klinik und Poliklinik
der Universität
Langenbeckstr. 1
D-55131 Mainz
Tel.: 06131/19240, Fax: 06131/232468
Email: giftinfo@giftinfo.uni-mainz.de
WWW: http://www.giftinfo.uni-
mainz.de

München

Giftnotruf München
Toxikologische Abteilung der II.
Medizinischen Klinik rechts der Isar
der Technischen Universität München
Ismaninger Str. 22
D-81675 München
Tel.: 089/19240, Fax: 089/41402467
Email: tox@lrz.tum.de
WWW: http://www.toxinfo.org

Nürnberg

Giftinformationszentrale der
Medizinischen Klinik 2 des Klinikums
Nürnberg Nord
Flurstr. 17
D-90340 Nürnberg
Tel.: 0911-398 2451, Fax: 0911-
3982665
Email:
muehlberg@klinikum-nuernberg.de
WWW: http://www.giftinformation.de

Österreich

Vergiftungsinformationszentrale Wien
Allgemeines Krankenhaus
Währinger Gürtel 1820
A-1090 Wien
Tel.: 1/40643430, Fax: 1/404004225
Email: viz@akh-wien.ac.at
WWW: http://www.akh-wien.ac.at

Schweiz

Schweizerisches Toxikologisches
Informationszentrum
Freiestrasse 16
CH-8028 Zürich
Tel.: 1/251-5151 (Notfälle)
1/251-6666 (Nichtdringliche Anfragen)
Fax: 1/252-8833
Email: info@toxi.ch
WWW: http://www.toxi.ch

Register

Register

Register

Register